工程实训指导书（金工实习）

主　编　吴传宇

副主编　陈仕国　杨拴强

参　编　张曦文　高育森　程国侦　陈　炜

机械工业出版社

本书以制造工艺为主线，以基本理论知识为基础，侧重技能训练和实际操作能力的培养。在保留传统金工实习内容的基础上，增加了现代制造设备和现代制造技术的相关内容，并融合了长期工程实训实践的理念和经验。本书内容包括金工实习的基本知识、铸造、焊接、车削、铣削、刨削、磨削与镗削、钳工、数控加工和现代制造技术，共 10 章。教师在使用本书的过程中，可根据学生的专业特点和课时灵活安排，选取合适的教学内容。

本书可作为普通高等工科院校、农林特色院校的机械类或者近机类各专业学生金工实习的指导用书，也可作为高职高专等院校相关专业的教材。

图书在版编目（CIP）数据

工程实训指导书：金工实习/吴传宇主编. —北京：机械工业出版社，2024. 3（2025. 1 重印）

ISBN 978-7-111-74657-7

Ⅰ.①工… Ⅱ.①吴… Ⅲ.①金属加工-实习-高等学校-教材 Ⅳ.①TG-45

中国国家版本馆 CIP 数据核字（2024）第 032329 号

机械工业出版社（北京市百万庄大街 22 号 邮政编码 100037）
策划编辑：吉 玲 责任编辑：吉 玲 张振霞
责任校对：高凯月 张 薇 封面设计：马若濛
责任印制：常天培
北京机工印刷厂有限公司印刷
2025 年 1 月第 1 版第 3 次印刷
184mm×260mm · 11 印张 · 270 千字
标准书号：ISBN 978-7-111-74657-7
定价：37. 00 元

电话服务 网络服务
客服电话：010-88361066 机 工 官 网：www.cmpbook.com
010-88379833 机 工 官 博：weibo.com/cmp1952
010-68326294 金 书 网：www.golden-book.com
封底无防伪标均为盗版 机工教育服务网：www.cmpedu.com

前　言

金工实习作为高等院校工科学生接受实践教学的重要环节，是机械类专业学生必修的一门技术基础课。学生通过实践操作，初步掌握零件的加工工艺，了解毛坯的制造方法，熟悉所用设备的构造、原理和使用方法等，为学习工程材料及机械制造基础（金属工艺学）等有关后续课程奠定基础。随着高等工科院校实习条件的不断改善和实践教学环节改革的不断深入，金工实习的内容不仅包括传统机械制造方面的各种加工工艺技术，还包括数控加工、现代制造技术等加工方式。

为了使学生掌握传统的加工方式，同时了解现代加工方式，适应新技术发展和就业岗位要求，本书编写时以基本理论知识为基础，侧重技能训练和实际操作能力的培养。本书在保留了铸造、焊接、车削、铣削、刨削、磨削与镗削、钳工等传统的金工实习内容的基础上，增加了先进制造设备（数控车床、加工中心等）和现代制造技术（特种加工、3D 打印技术等）的相关内容。

全书共 10 章，以制造工艺为主线进行划分，包括金工实习的基本知识、铸造、焊接、车削、铣削、刨削、磨削与镗削、钳工、数控加工和现代制造技术。教师在使用本书的过程中，可根据学生的专业特点和课时灵活安排，选取合适的教学内容。

本书由福建农林大学吴传宇担任主编，福建农林大学陈仕国、福建江厦学院杨拴强担任副主编，福建农林大学郑书河主审。参与本书编写的还有福建农林大学张曦文、高育森、程国侦，闽江学院机陈炜。

由于编者的水平和经验有限，书中难免有不足之处，恳请广大读者批评指正。

编　者

目　录

第一章　金工实习的基本知识

第一节　概　述

党的二十大报告指出：“建设现代化产业体系。坚持把发展经济的着力点放在实体经济上，推进新型工业化，加快建设制造强国、质量强国、航天强国、交通强国、网络强国、数字中国。”“推动制造业高端化、智能化、绿色化发展。”“推动现代服务业同先进制造业、现代农业深度融合。”掌握扎实的制造技术基础是发展、提高制造能力，推进现代化产业体系的重要一环。

机械产品的生产过程是指从原材料（或半成品）投入生产开始到产品生产出来再到交付使用的全过程，如图1-1所示。

制造技术是完成机械产品生产过程所需方法的总和。机械制造技术是实现机械制造过程的基础。在机械加工的流程中，材料的质量和性能是通过制造技术的实施而发生变化的。与此相对应，机械加工的方法可分为材料成形法（等材制造）、材料去除法（减材制造）和材料累积法（增材制造）。

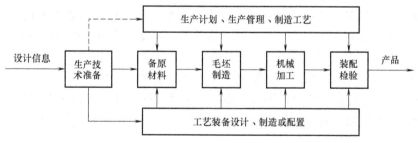

图 1-1　机械产品的生产过程

等材制造的加工方法主要有铸造、锻压、焊接等，这些方法为材料成形法，是将原材料转化成所需形状、尺寸的产品的加工方法。其主要用来制造毛坯，也可以用来制造形状复杂但精度要求不太高的零件。铸造、锻压、焊接等方法是在原材料处于相变状态下进行加工的，因此又统称为热加工。减材制造的切削加工中主要有车削、铣削、刨削、磨削、钻削、钳工等，由于它们在金属材料处于常温或弹性状态下进行加工，因此又统称为冷加工。目前，先进制造领域中的特种加工（主要有电火花加工、电解加工、超声波加工、电子束加工、离子束加工等），也属于减材制造。另外还有增材制造，也是一种先进的制造技术，目前主要有 3D 打印等快速成型制造技术。目前材料去除法仍然是机械加工的主要方法，主要用来提高零件的精度和降低表面粗糙度值，以达到零件的设计要求。材料去除法主要分为传统的切削加工和特种加工。

第二节　工　程　材　料

材料是人类一切生产活动和生活活动的物质基础，是人类发展和进步的标志。在当今社会，材料、能源和信息已成为现代科学技术的三大支柱。

工程材料是指制造工程结构和机器零件使用的材料的总称。工程材料可分为金属材料、非金属材料和复合材料。

一、金属材料

金属材料是现代制造中应用最广泛的工程材料，特别是钢铁材料的应用更为广泛。

1. 金属材料的性能

金属材料的性能分为使用性能和工艺性能。使用性能是指金属材料制成的零件或产品在使用过程中所表现出来的性能。它包括物理性能、化学性能和力学性能等。工艺性能是指金属材料在加工过程中所表现出的性能。

金属材料的物理性能、化学性能主要有密度、熔点、热膨胀性、导热性、导电性、导磁性、耐酸性、耐碱性、抗氧化性等。它与零件或产品的用途密切相关，对制造工艺也有影响。

金属材料的力学性能是指金属材料在外载荷作用下所表现出来的性能，主要有强度、塑性、刚度、硬度、韧性和疲劳强度等，它们是表征和判断金属材料力学性能所用的指标和依据，称为金属材料的力学性能判据。

（1）强度　强度是指金属材料抵抗永久变形（塑性变形）和断裂的能力。

（2）塑性　塑性是指金属材料断裂前发生的不可逆的永久变形的能力。

（3）硬度　硬度是机械制造现场经常使用的力学性能指标，用它可大致评价其他力学性能指标，且操作简单、成本低、不破坏产品零件。硬度值常用布氏硬度（HBW）和洛氏硬度（HRC）表示。

（4）韧性　韧性是指金属材料在断裂前吸收变形能量的能力。

金属材料的工艺性能一般包括铸造性能、可锻性、焊接性、可加工性和热处理性能等。它决定着金属材料的加工制造工艺方法、设备工装、生产率及成本效益，甚至会影响产品零件的设计。

（1）铸造性能　铸造性能是指金属及合金在铸造生产中表现出来的工艺性能，如流动性、收缩性、偏析性、透气性等。

（2）可锻性　可锻性是指用锻压成形方法获得合格锻件的难易程度。

（3）焊接性　焊接性是指金属材料对焊接加工的适应性，也就是在一定的焊接工艺条件下，获得优质焊接接头的难易程度。

（4）可加工性　可加工性是指切削加工金属材料的难易程度。

（5）热处理性能　热处理性能是指金属材料通过热处理后反映出来的能力。

2. 常用的钢铁材料

钢和铸铁是以铁、碳为主要成分的合金，又称铁碳合金。碳的质量分数小于或等于

2.11%的铁碳合金称为钢；碳的质量分数大于2.11%的铁碳合金称为铸铁。

1）碳素结构钢主要用于制造各种工程构件（如桥梁、船舶、建筑用钢）和机械零件（如齿轮、轴、螺栓等）。这类钢属于低碳钢（碳的质量分数小于0.25%）和中碳钢（碳的质量分数为0.25%~0.6%）。常用的牌号有Q215、Q235和40、45钢。

2）碳素工具钢主要用于制造各种刀具、模具、量具等。这类钢属于高碳钢（碳的质量分数大于0.6%）。常用的牌号有T8、T10、T10A和T12等。

3）合金结构钢主要用于制造承受载荷较大或截面尺寸大的重要机械零件。常用的有低合金高强度结构钢（Q345、Q390）、合金结构钢（40Cr、35CrMo）、弹簧钢（65Mn、60Si2Mn）和滚动轴承钢（GCr15、GCr15SiMn）等。

4）合金工模具钢主要用于制造各种刀具、模具、量具等。常用的有量具刃具钢（9SiCr）、模具钢（Cr12、Cr12MoV、5CrMnMo）。

5）特殊性能钢具有特殊的物理性能、化学性能，用于制造有特殊性能要求的零件。常用的有不锈钢（12Cr18Ni9、20Cr13）、耐热钢（15CrMo、42Cr9Si2）等。

6）灰铸铁广泛用于制造各种承受压力和要求消振性好的床身、底座、箱体等。常用的牌号有HT150、HT200、HT300等。

7）球墨铸铁可代替碳素结构钢用于制造一些载荷较大、受力复杂的重要零件，如曲轴、连杆、齿轮等。常用的牌号有QT400-18、QT500-7、QT600-3、QT800-2等。

二、非金属材料

非金属材料包括金属材料以外的几乎所有材料，工程上常用的有塑料、橡胶和陶瓷材料等。

1. 塑料

塑料以高分子合成树脂为主要成分，经过热加工和加压制成。塑料具有密度小、比强度高、化学性能稳定、摩擦系数小、耐磨性好、绝缘性好、消声吸振性好、加工简单、生产率高等优点。

2. 橡胶

橡胶是以生胶为主要原材料，加入适当的硫化剂、软化剂等辅助材料制成的。其主要优点有弹性好、撕裂强度好、耐疲劳、不透水、不透气、绝缘等。

3. 陶瓷材料

陶瓷材料是无机非金属材料，目前常用的制造工艺是粉末冶金法。陶瓷在机械工业中主要用于制造有耐高温、耐磨、耐蚀等性能要求的零件，如内燃机火花塞、发动机的叶片、切削高硬度材料的刀具等，也可用作绝缘材料、半导体材料和压电材料。

三、复合材料

复合材料是指由两种或两种以上不同物质以不同方式组合而成的材料，材料复合后，可改善和克服单一材料的缺点，充分发挥其优点，并能得到单一材料难以达到的性能和功能。

四、钢的热处理

在毛坯制造和加工之前通常都会对材料进行热处理，热处理是将钢在固态下通过加热、保温后以一定方式进行冷却，使其组织改变而获得所需性能的工艺方法。热处理是改善材料工艺性能，提高材料的强度、硬度，改善其塑性、韧性等性能，保证产品质量，挖掘材料潜力不可缺少的工艺方法。重要的机械零件在制造过程中一般都要经过热处理。

热处理的工艺方法很多，可分为普通热处理和表面热处理两大类。

第三节 切削加工基本知识

切削加工是使用切削刀具将毛坯或工件上多余的材料层切除，以获得所要求的几何形状、尺寸精度和表面质量的加工方法。切削加工可分为机械加工（简称机加工）和钳工两大类。

机械加工是通过操纵机床来完成的切削加工，主要加工方法有车、钻、刨、铣、磨及齿轮加工等，所用机床相应为车床、钻床、刨床、铣床、磨床及齿轮加工机床等。它具有精度高、生产率高、劳动强度低等优点。通常切削加工主要是指机械加工。

钳工是通过手持工具来进行的装配、维修或切削加工，常用的加工方法有划线、錾、锯、锉、刮研、钻孔、攻螺纹和套螺纹等。为减轻劳动强度和提高生产率，钳工中的某些工作已逐步被机械加工代替，实现了机械化。

一、切削运动及切削用量

1. 切削运动

切削运动是指在切削加工过程中，刀具和工件之间的相对运动。它是实现切削过程的必要条件之一，分为主运动和进给运动。

主运动是形成机床切削速度或消耗主要动力的工作运动，是完成切割的主要运动。在切削加工中，主运动有且只有一个。

进给运动是使工件多余的材料不断投入切削的运动。没有进给运动，就无法实现连续切削。在切削加工中，进给运动可以有一个或多个。

切削运动可以是旋转的，也可以是直线的或曲线的；可以是连续的，也可以是间歇的（图 1-2）。

在切削过程中，工件表面的被切金属层不断地被切削而转变为切屑，从而加工出所需的工件表面。切削加工时，工件上有三个不断变化的表面，即待加工表面、切削表面和已加工表面（图 1-3）。

2. 切削用量

切削用量是指切削加工时的切削速度 v、进给量 f 和背吃刀量 a_p。

（1）切削速度 v 当主运动为旋转运动时，切削速度为其最大线速度

$$v = \frac{\pi d n}{60 \times 1000}$$

式中 d——工件或刀具的直径（mm）；

n——工件或刀具的转速（r/min）。

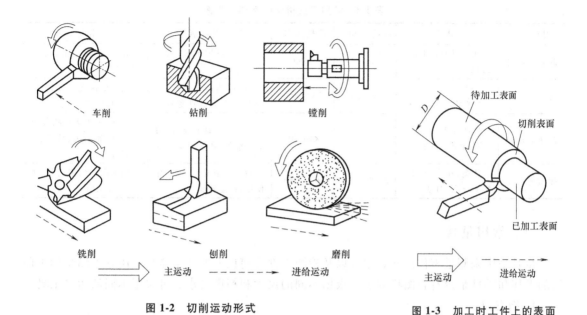

图 1-2　切削运动形式　　　　　图 1-3　加工时工件上的表面

当主运动为往复直线运动时，切削速度为其平均速度

$$v = \frac{2Ln_r}{60 \times 1000}$$

式中　L——主运动行程长度（mm）；

　　　n_r——主运动每分钟往复次数（r/min）。

（2）进给量 f　进给量 f 单位为 mm/r（旋转运动）或 mm/st（往复直线运动）。

（3）背吃刀量 a_p　背吃刀量 a_p 又称切削深度。对外圆车削和平面刨削来说，背吃刀量 a_p 等于已加工表面和待加工表面之间的垂直距离。

切削用量是影响切削加工质量、刀具磨损、机床动力消耗及生产率的主要参数。选用时，要综合考虑以上因素，首先应尽可能选择大的背吃刀量和进给量，然后确定合理的切削速度。

二、刀具材料

刀具是切削加工中影响生产率、加工质量和成本的重要因素。刀具切削性能的优劣主要取决于刀具的材料和几何形状。刀具寿命、加工成本、加工精度和表面质量以及生产率的高低，在很大程度上都取决于刀具材料的合理选择。

刀具材料应具备高的硬度、高的耐磨性、足够的强度和韧性、高的耐热性、良好的导热性和小的热变形及良好的工艺性能。

目前，常用的刀具材料有碳素工具钢、合金工具钢、高速工具钢和硬质合金等。常用刀具材料的性能及用途见表 1-1。

目前，随着新技术的不断发展和新材料的不断出现，一些新型刀具材料，如涂层刀具材料、陶瓷、金刚石、立方氮化硼等在工业生产中的应用也越来越广泛。

表 1-1 常用刀具材料的性能及用途

刀具材料	常用牌号	硬度（HRC）	耐热性/℃	工艺性能	用途
碳素工具钢	T10、T10A、T12A、T13A	60~64	≤200	可冷、热加工成形，刃磨性能好	用于手动工具，如锉刀、锯条等
合金工具钢	9SiCr CrWMn	60~65	250~300	可冷、热加工成形，刃磨性能好，热处理变形小	用于低速成形刀具，如丝锥、板牙、铰刀等
高速工具钢	W18Cr4V W6Mo5Cr4V2	62~69	600~700	可冷、热加工成形，刃磨性能好，热处理变形小	用于中速及形状复杂的刀具，如钻头、铣刀、齿轮刀具等
硬质合金	P类、M类、K类、N类、S类、H类	88.5~92.3	800~1000	粉末冶金成形，多镶片使用，性能较脆	用于高速切削刀具，如车刀、铣刀等

三、常用量具

量具是用来测量零件尺寸、角度以及检测零件几何误差的计量器具，用它来测量加工前后的毛坯和零件是否符合图样要求。根据不同的尺寸和精度要求，可选用不同的测量工具。

1. 钢直尺

钢直尺是最简单的长度量具，可用来直接测量工件的尺寸，如图 1-4 所示。其规格有 150mm、300mm、500mm、1000mm 等几种。分度值为 0.5mm，测量精度为 0.25mm，一般用来测量精度要求不高的工件。

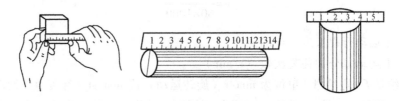

图 1-4 钢直尺应用实例

2. 卡钳

卡钳是一种间接测量长度的量具，必须与有刻度线的量具配合使用。它分为内、外两种形式。内卡钳用来测量内部尺寸（图 1-5），外卡钳用来测量外部尺寸（图 1-6）。

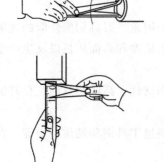

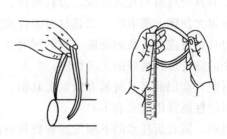

图 1-5 内卡钳测量方法   图 1-6 外卡钳测量方法

3. 游标卡尺

游标卡尺是一种比较精密的量具，它可以测量出工件的内径、外径、长度及深度尺寸等。游标卡尺按测量精度可分为 0.10mm、0.05mm、0.02mm 三个等级；按测量尺寸范围有 0~125mm、0~150mm、0~200mm、0~300mm、0~500mm 等多种规格。使用时根据零件精度要求及零件尺寸进行选择。游标卡尺还有专门用于测量深度和高度的，分别称为游标深度卡尺和游标高度卡尺。游标高度卡尺常用于精密划线。

如图 1-7a 所示游标卡尺的读数精度为 0.02mm，测量尺寸范围为 0~200mm。它由主尺和副尺（游标）两部分组成。读数方法如图 1-7b 所示。

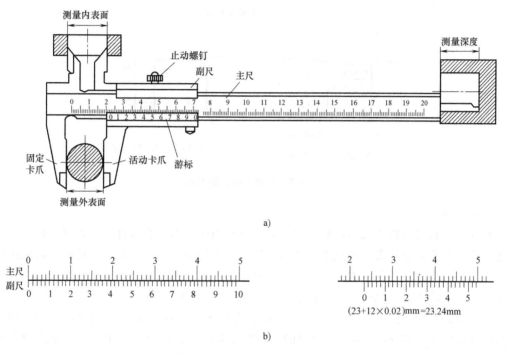

图 1-7 游标卡尺及读数方法

用游标卡尺测量工件前，应检查零刻度线，使卡脚逐渐靠近工件并轻微地接触，同时注意不要歪斜，以防产生读数误差，如有误差，测量时应及时扣除。不得用游标卡尺测量表面粗糙和正在运动的工件及高温工件。

4. 千分尺

千分尺是比游标卡尺更为精确的测量工具，其测量精度为 0.01mm。按其用途可分为外径千分尺、内径千分尺和深度千分尺等。外径千分尺按其测量范围有 0~25mm、25~50mm、50~75mm、75~100mm 等规格。

如图 1-8 所示为测量范围为 0~25mm 的外径千分尺。其固定套筒上沿轴向有刻度值为 0.5mm 的刻线，活动套筒的圆周上有刻度值为 0.01mm 的刻线。千分尺的读数方法如图 1-9 所示。使用时，应校对零点；测量螺杆还没有接触工件前可直接转动活动套筒来移动测量螺杆，当测量螺杆将要接触工件时，改为转动手柄棘轮；当棘轮发出"嗒嗒"声时，表示压力合适，应停止拧动。不得用千分尺测量表面粗糙和正在运动的工件及高温工件。

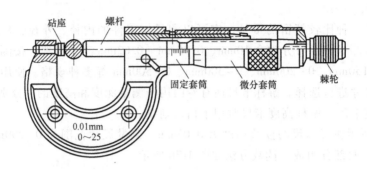

图 1-8　外径千分尺

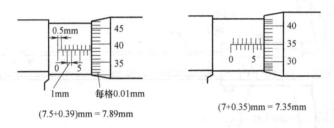

(7.5+0.39)mm = 7.89mm

(7+0.35)mm = 7.35mm

图 1-9　千分尺的读数方法

5. 百分表

百分表是利用齿轮齿条和杠杆齿轮传动，将被测尺寸引起的测杆微小直线变化，经过齿轮传动放大，变为指针在刻度盘上的转动，从而读出被测尺寸。它是一种精度较高的比较量具，只能测出相对的数值，不能测出绝对数值。其主要用来检查工件的几何误差（如圆度、平面度、垂直度等），也常用于工件的精密找正和找正装夹位置。

百分表的结构如图 1-10 所示。当测头向上或向下移动 1mm 时，小指针转一格。刻度盘每格的读数值为 0.01mm，小指针每格的读数值为 1mm。测量时大、小指针所示读数变化值之和即为尺寸变化量。小指针的刻度范围就是百分表的测量范围。刻度盘可以转动，供测量时调整大指针对零刻度线用。

百分表使用时应装在专用的磁性表座上（图 1-11）。

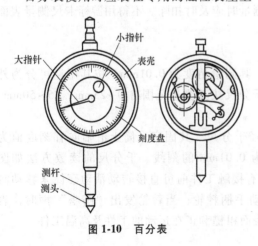

图 1-10　百分表

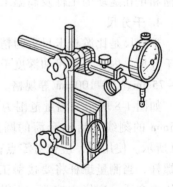

图 1-11　磁性表座

6. 量规

量规包括塞规和卡规，是用于成批量生产的一种定尺寸专用量具。塞规用来检验孔径或槽宽，卡规用来检验轴径或厚度，两者都有通端（通规）和止端（止规）。塞规的通端直径等于工件的下极限尺寸，止端直径等于工件的上极限尺寸；而卡规则相反。检验时，通端过，止端不过，则被检工件尺寸合格，如图 1-12 所示。

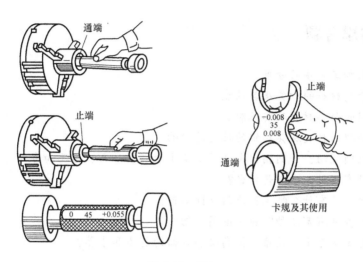

图 1-12　量规

量规检验工件时，只能检验工件是否合格，不能测出工件的具体尺寸，操作极为便捷。

第四节　金工实习安全注意事项

1）实习前必须按照实习指导教师的要求，认真学习相关知识，明确实习的目的、意义、内容及实习要求，做好实习准备。

2）进入实习场地必须按实习要求着装，操作前必须穿好工作服、戴好防护用品，头发较长的同学必须戴好工作帽。禁止穿裙子、短裤、背心、高跟鞋、凉鞋、拖鞋及戴围巾等上岗操作。

3）实习过程中要集中精力，专心听讲，认真做好实习笔记，严格按要求实习，努力提高专业操作技能。

4）学生在实习期间必须严格遵守作息时间和学校有关请假制度，不得迟到、早退和旷课。

5）服从指导教师安排，在指定场地和工位上进行实习操作，不得串岗、离岗。严禁喧哗、打闹、吸烟。不得做与实习无关的事。

6）严格遵守实习安全操作规程。必须在指定的设备上进行实习，未经实习指导教师允许，不得私自动用设备。

7）注意设备操作及安全用电，不得擅自操作。未经允许，严禁操作电气开关，以防发生伤害事故或造成经济损失。

8）爱护实习设备及工器具，保持工作场地整洁，用过的工、夹、量具要摆放整齐，丢失及非正常损坏的物品要按有关规定主动赔偿。

9）实习完毕，学生应在教师指导下认真做好设备及实习室卫生，整理实习使用的器具，按照实习管理规定摆回原处，关闭水电、门窗，发现问题及时报告实习指导教师，下课后经实习指导教师检验合格后方可离开实习场地。

10）实习结束后，学生必须按实习指导教师要求认真完成实习作业和实习报告。

复习思考题

1. 简述切削加工方法的分类。
2. 简述非金属材料的种类及其性能。
3. 简述常用的金属材料及其性能。
4. 简述热处理的种类及其对钢的性能的影响。
5. 什么是切削运动？分别指出车外圆、铣平面、刨平面、钻孔和磨外圆的主运动。
6. 切削用量有几种？分别是什么？
7. 硬质合金刀具有什么特点？应用范围如何？
8. 高精度的量具有哪几种？应用范围如何？
9. 你认为金工实习中，最希望提高哪些方面的能力和素养？

第二章 铸　造

第一节 概　述

　　铸造是通过制造铸型，熔炼金属，再将金属溶液注入铸型，经冷却凝固，从而获得所需铸件的成型方法。它可以生产出外形尺寸从几毫米到几十米、质量从几克到几百吨、结构从简单到复杂的各种铸件。铸造在我国已有几千年历史，出土文物中大量的古代生产工具和生活用品就是用铸造方法制成的。今天，铸造生产在国民经济中仍然占有很重要的地位，广泛应用于工业生产的很多领域，特别是机械工业，以及日常生活用品、公用设施工艺品等的制造和生产。铸造成型有以下特点：

　　1）铸造的适应性强，能获得一般机械加工设备难以加工的复杂结构零件。铸造常用于制造形状复杂、承受静载荷及压应力的零件，如箱体、床身、支架和机座等。

　　2）铸件有较好的减振性能、耐磨性能、耐蚀性和可加工性。

　　3）铸造经济性好，其所用原材料来源广泛，价格低廉，且可利用回收材料。

　　4）铸件的形状和尺寸与零件接近，加工余量小，可节省金属材料和加工工时，是实现无屑加工的重要途径之一。但铸造工序多、有些工艺过程还难以准确控制，造成铸件质量不稳定，废品率高；铸件内部组织缺陷多，力学性能较差；劳动强度大、工作环境差。

　　铸造主要分为砂型铸造和特种铸造。砂型铸造的工艺过程主要包括制造模样和芯盒、配制型砂及芯砂、造型制芯、合型、熔化金属、浇注、落砂、清理及检验等。砂型铸造是目前应用最广的铸造方法，所得铸件占铸件总量的90%以上。图2-1所示为套筒铸件的砂型铸造的工艺过程。

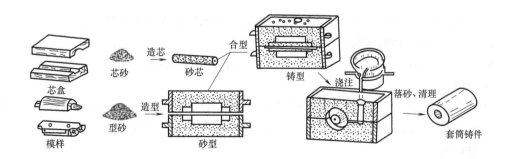

图2-1　套筒铸件的砂型铸造的工艺过程

铸造在机械制造技术中占有极其重要的位置，其质量和产量以及精度等直接影响到机械产品的质量、产量和成本。铸造在工农业装备生产、国防工业等各个领域都有大量的应用。

第二节 砂型铸造

一、造型材料

制造砂型与型芯的材料称为造型材料。砂型铸造选用的造型材料主要是型砂和芯砂，它的性能对造型工艺、铸件质量等有着很大的影响，造型材料不好容易使铸件产生砂眼、气孔和裂纹等缺陷。因此，合理选用型（芯）砂对提高铸件质量和降低铸件成本具有重要意义。

（一）型（芯）砂应具备的性能

1. 强度

强度是指春实后型砂和芯砂的紧实度。砂型强度过低可能发生塌箱、冲砂、砂眼等缺陷。但强度过高，易使型（芯）砂的透气性和退让性变差。砂中黏土含量及紧实程度越高、砂粒越细，强度越高；含水量过多或过少均会使型（芯）砂的强度变低。

2. 透气性

透气性是指砂粒间的空隙能够让气体通过的能力。透气性差，铸件内部易产生气孔缺陷。减小黏土含量及紧实程度或采用圆形、大小均匀的粗粒度砂，均可提高型（芯）砂的透气性。

3. 耐火性

耐火性是指型（芯）砂在高温金属液的作用下不软化、不熔化、不变形和不烧结的能力。耐火性差，铸件表面易产生黏砂缺陷，给清理及切削加工带来不便，甚至造成废品。

4. 退让性

退让性是指型（芯）砂随着铸件冷凝可被压缩的能力。退让性差，铸件易产生内应力、变形和裂纹等缺陷。采用油类作为黏结剂及降低型（芯）砂的紧实程度或在黏土砂中加入适量的木屑，均可提高型（芯）砂的退让性。

5. 可塑性

可塑性是指型（芯）砂在外力作用下形成一定的形状，外力去掉后仍能保持已有形状的能力。可塑性好，易造型，且砂型形状准确、轮廓清晰。可塑性与含水量、黏结剂的性能及数量有关。

由于芯砂大部分被高温金属液所包围，故对芯砂的性能要求比型砂高。

（二）型（芯）砂的组成

型（芯）砂是由原砂、黏结剂、适量的水和辅助材料组成的。

1. 原砂

原砂是型（芯）砂的主体，以铸造用硅砂应用最广，其主要成分为石英（SiO_2）和少量泥分及杂质。原砂的颗粒形状、大小及分布对型砂的性能有很大影响。

2. 黏结剂

黏结剂是用来黏结砂粒的材料。常用的黏结剂主要有黏土、水玻璃、树脂、油脂及水泥等。

3. 辅助材料

辅助材料是用来改善型（芯）砂的某些性能而加入的材料。在中小型铸件用的型砂中加入煤粉、重油，可防止黏砂，提高铸件表面质量；在干型砂或芯砂中加入木屑，可改善型（芯）砂的透气性和退让性。

（三）型（芯）砂的配制

按照黏结剂的不同，型（芯）砂分为黏土砂、水玻璃砂、树脂自硬砂及水泥砂等，其中以黏土砂应用最广。型（芯）砂的配制工艺对其性能有着很大的影响。它主要取决于型（芯）砂的配比、加料顺序和混碾时间。

小型铸件的型砂比例：新砂 2% ~ 20%，旧砂 98% ~ 80%；另加黏土 8% ~ 10%，水 4% ~ 8%，煤粉 2% ~ 5%。

型砂的配制是在混砂机（图 2-2）中进行的。先将新砂、黏土和旧砂依次加入混砂机中，干混数分钟后加入一定量的水湿混约 10min，在碾轮的碾压及搓揉作用下混合，待均匀后出砂。使用前应过筛并使其松散。

型（芯）砂的性能可用型砂试验仪检测。单件或小批量生产时，可用手捏法检验型砂性能。

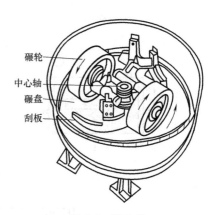

碾轮
中心轴
碾盘
刮板

图 2-2　混砂机

二、造型方法

造型是指用型砂及模样等工艺装备制造砂型的过程。造型方法分为手工造型和机器造型两大类。手工造型适用于单件或小批量生产，机器造型适用于大批量生产。

（一）手工造型

手工造型时造型工序全部用手工或手动工具完成。它具有工艺装备简单、经济，生产准备时间短等特点，但也存在生产率低、劳动强度大、对工人操作技能要求高等缺点。主要用于单件或小批量生产及重型铸件和形状复杂的铸件的生产。

1. 整模造型

整模造型是用整体模样进行造型的方法。其特点是模样为整体模，分型面是平面，铸型型腔全部位于一个砂箱内，操作方便，不会错箱，铸件的精度和表面质量较好，适用于最大截面位于一端且是平面的简单铸件，如齿轮坯、压盖、轴承座等。整模造型的工艺过程如图 2-3 所示。

2. 分模造型

模样被分为两半，分模面是模样的最大截面，将两个半模分别放在上、下两个砂箱内进行造型。两个半模依靠销钉定位。分模造型的特点是模样高度较低，起模、修型方便，但合型易错型。适用于形状复杂、有良好对称面的铸件，如套筒、阀体等。分模造型的工艺过程如图 2-4 所示。

受铸件形状的限制，有时必须使用三箱造型才能起模（图 2-5）。三箱造型要求中箱高度与模样的相应高度一致，造型过程烦琐，生产率低，易产生错型缺陷，只用于具有两个分

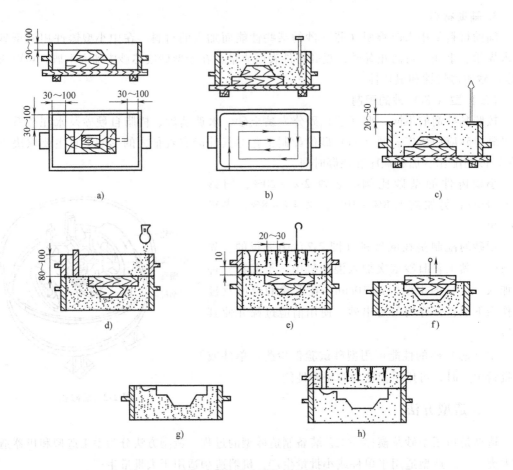

图 2-3　整模造型的工艺过程

a）把木模放在底板上，套上合适的下型　b）加砂，用舂砂锤尖头按图示路线舂砂

c）用舂砂锤平头舂紧，用刮板刮平　d）翻转，用镘勺修光。放上型，撒分型剂，放浇口杯

e）填砂刮平，拔出浇口杯，开外浇口，扎气眼，开箱　f）向木模四周刷水，起模

g）修整，开内浇道　h）合型

型面的中、小型铸件的单件或小批量生产。在成批生产或用机器造型时，可用外砂芯将三箱造型改为两箱造型（图 2-6）。

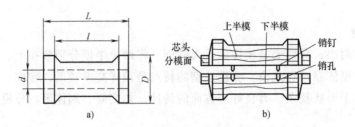

图 2-4　分模造型的工艺过程

a）铸件　b）模样分成两半

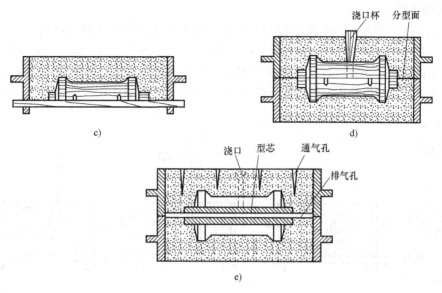

图 2-4　分模造型的工艺过程（续）

c）用下半模造下型　d）用上半模造上型　e）起模、放型芯、合型

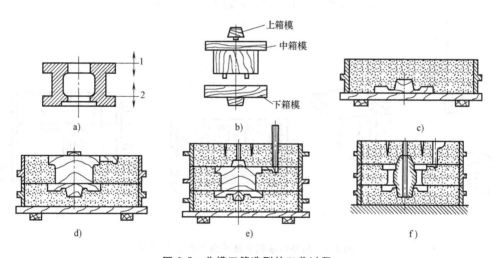

图 2-5　分模三箱造型的工艺过程

a）铸件　b）模样　c）造上型　d）造下型　e）造中型　f）起模、放型芯、合型

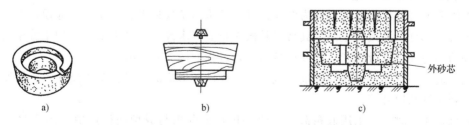

图 2-6　用外砂芯将三箱造型改为两箱造型的工艺过程

a）外砂芯　b）模样　c）合型

3. 活块造型

活块造型是将模样侧面妨碍起模的凸起部分做成活动的模块（称为活块），起模或脱芯后，再将活块取出的造型方法。其特点是可减少型芯及简化分型面等，缺点是操作较复杂，操作技能要求高，生产率低，模样、砂型易损坏且修补困难。活块造型的工艺过程如图 2-7 所示。成批生产或活块厚度大于铸件该处壁厚时，可用外砂芯代替活块（图 2-8），以便造型。

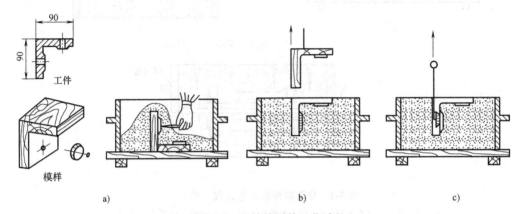

图 2-7 活块造型的工艺过程

a）造下型，拔出钉子　b）取出模样主体　c）取出活块

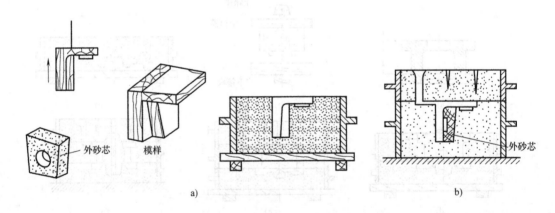

图 2-8 用外砂芯代替活块造型的工艺过程

a）取模、下芯　b）合型

4. 挖砂造型和假箱造型

挖砂造型时铸件的最大截面为曲面，且要求采用整模造型，为了便于起模，下型分型面需要挖去一部分以形成分型面。其特点是操作技能要求高，生产率低，适用于分型面非平面的铸件的单件或小批量生产。挖砂造型的工艺过程如图 2-9 所示。

挖砂造型一定要挖到模样的最大截面处。挖砂所形成的分型面应平整光滑，坡度不能太陡，以利于顺利地开箱。

大批量生产时，常采用假箱造型（图 2-10）或假箱与成型底板造型（图 2-11）来代替挖砂造型。假箱只用于造型，不参与浇注。假箱一般用强度较高的型砂制成，能多次使用，分型面应光滑平整、位置准确。当生产数量更大时，可用木制的成型底板代替假箱。

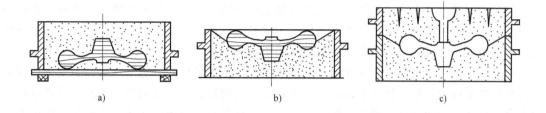

图 2-9　挖砂造型的工艺过程

a）造下型　b）翻转、挖出分型面　c）造上型、起模、合型

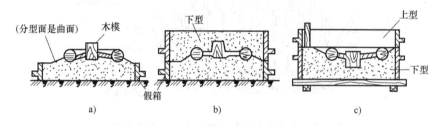

图 2-10　假箱造型的工艺过程

a）模样放在假箱上　b）造下型　c）翻转下型，待造上型

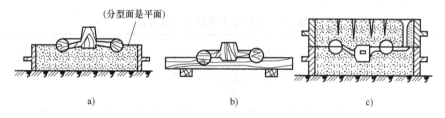

图 2-11　假箱与成型底板造型的工艺过程

a）假箱　b）成型底板　c）合型

5. 刮板造型

尺寸较大的旋转体铸件，如带轮、飞轮、大齿轮等单件生产时，为节省模样材料及制作费用可采用刮板造型。刮板是一块和铸件截面形状相适的木板。造型时将刮板绕着固定的中心轴旋转，在砂型中刮制出所需的型腔。刮板造型的工艺过程如图 2-12 所示。

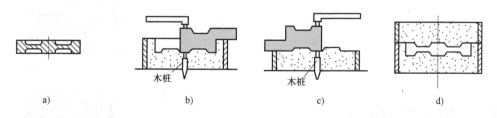

图 2-12　刮板造型的工艺过程

a）飞轮铸件　b）刮制下型　c）刮制上型　d）合型

6. 地坑造型

地坑造型是以地面或地坑作为下型进行造型的方法。其特点是节省砂箱，降低工艺装备费用，但造型操作技术要求高、生产率低、劳动量大，适用于生产要求不高的大、中型铸件或用于砂箱不足时批量不大的中、小型铸件的单件或小批量生产。

小型铸件的地坑造型是直接在地面上挖坑填砂，埋入模样即可造型。大、中型铸件则需用防水材料筑成地坑壁，坑底填以炉渣或焦炭等透气物料，并覆盖稻草，埋入钢管或草绳以引出浇注时地坑中的气体，然后分层填砂、紧实、扎气孔、修出模样底面的形状，再放上模样造型，如图 2-13 所示。

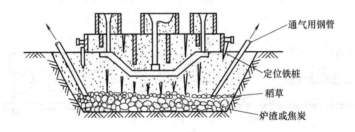

图 2-13　大件地坑造型（地面造型）的工艺过程

7. 典型铸件手工造型工艺实例

带轮手工造型的工艺过程见表 2-1。

表 2-1　带轮手工造型的工艺过程

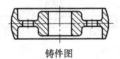

铸件图

工序	操作内容	工序简图
1	将无销钉的带轮半模放在造型平板上，套上合适的下型，保证有合理的吃砂量、浇注系统位置和起模方向	
2	用面砂覆盖模样表面，然后填充背砂，分次逐层加砂，用舂砂锤均匀捣实，用刮板刮平，用通气针均匀扎出通气孔，不得穿透型腔	
3	将造好的下型翻转，用镘勺将分型面修光，撒分型剂，扣上另一带销钉的带轮半模，安放上型和浇口杯	
4	在上型内填砂、紧实，扎通气孔	

（续）

工序	操作内容	工序简图
5	拔去浇口杯,修好浇口,微震打开上型,小心、仔细地取出模样,用镘勺、提钩、水笔等修型工具将损坏的砂眼修好并开出横浇道、内浇道,安置型芯、合型,等待浇注	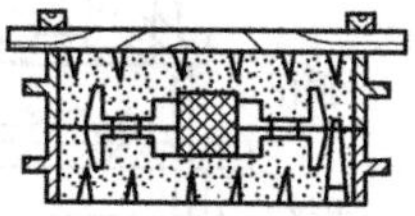 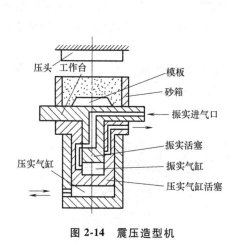

（二）机器造型

机器造型是用机器全部完成或至少完成紧实操作的造型方法。与手工造型相比，机器造型生产率高，劳动条件好，环境污染小，铸件的尺寸精度和表面质量高，但设备和工艺装备费用高，生产准备时间长，适用于中、小型铸件的成批或大批量生产。机器造型的实质是用机器进行紧实和起模，根据紧实和起模的方式不同，有不同种类的造型机。

1. 紧实方式

机器造型按照不同的紧实方式可以分为震实式造型、压实式造型、震压式造型、抛砂和射砂造型等，其中以震压式应用最广。图 2-14 所示为震压造型机。抛砂紧实（图 2-15）的同时完成填砂与紧实两道工序，生产率高，型砂紧实密度均匀，可用于大、中型铸件或大型芯的生产。

图 2-14　震压造型机

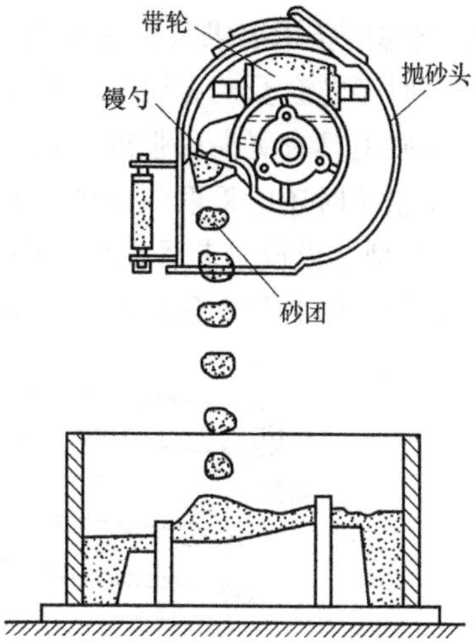

图 2-15　抛砂紧实

2. 起模方式

造型机都装有起模机构，其动力通常为压缩空气。目前应用广泛的起模方式有顶箱、漏模和翻转三种（图 2-16）。顶箱起模的造型机构比较简单，但起模时易漏砂，只用于型腔简单且高度较小的铸型。漏模起模的造型机构一般用于形状复杂或高度较大的铸型。翻转起模的造型机构一般用于型腔较深、形状复杂的铸型。

三、制芯

为了获得铸件的内腔或铸件的局部外形，用芯砂或其他材料制成的、安放在型腔内部的铸型部分称为型芯。制芯就是制造型芯的过程。

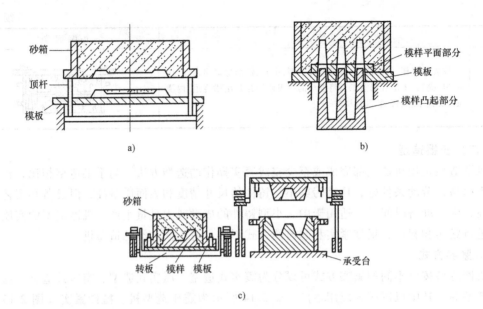

图 2-16 起模方式

a）顶箱起模　b）漏模起模　c）翻转起模

1. 型芯的技术要求及工艺措施

浇注时型芯会受到金属液的冲击和包围，因此型芯除了要具有与铸件内腔相适应的形状外，应比砂型具有更高的强度、透气性和退让性等性能，并易从铸件清除。除了满足上述要求外，在制芯时还应采取一定的工艺措施。

1）在型芯内放置芯骨以提高强度。小型芯的芯骨用钢丝制成，大、中型芯的芯骨用铸铁铸成，较大的芯骨上还应制出吊环以方便吊运，如图 2-17 所示。

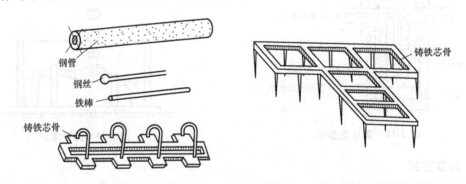

图 2-17 芯骨

2）在型芯内开通气道以提高型芯的透气性，大型芯内部应放入焦炭以便排气，如图 2-18 所示。

3）在型芯表面刷涂料以提高耐火性、防止黏砂，并保证铸件内腔表面质量。

4）重要的型芯都需烘干，以提高型芯的强度和透气性。

2. 制芯的方法

制芯分为手工制芯和机器制芯。手工制芯是传统的制芯方法，适用于单件或小批量生

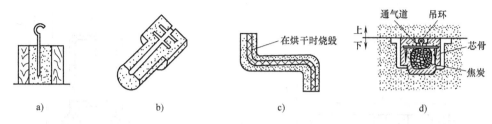

图 2-18　型芯的通气孔

a）扎气孔　b）挖通气沟　c）埋蜡线　d）放焦炭与钢管

产。制芯一般用芯盒制芯，有时也用刮板制芯。机器制芯的生产率高，紧实均匀，型芯质量好，适用于成批大量生产。机器制芯有壳芯、热芯盒射砂、射芯挤压、震实及压实芯盒等多种方法。制芯机主要有震击式制芯机、射芯机、热芯盒机和壳芯机等。

3. 型芯的固定方式

型芯在铸型中的定位主要靠芯头。芯头必须有足够的尺寸和合适的形状将型芯正确、牢固地固定在铸型型腔内。按其固定方式可分为垂直式、水平式和特殊式（如悬壁芯头、吊芯等）。若铸件的形状特殊，单靠芯头不能固定时可用型撑予以固定。型撑的形状如图 2-19 所示。

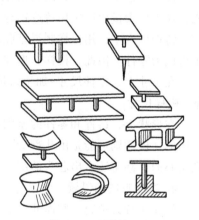

图 2-19　型撑的形状

四、造型工艺

造型工艺主要是指分型面、浇注位置的选择和浇注系统的设置，它们直接影响铸件的质量和生产率。

1. 分型面、分模面与浇注位置

砂型与砂型之间的分界面称为分型面，分模面指模样上分开的切面，通常二者相同，它们均可以是平面、斜面或曲面。浇注位置是指浇注时铸件在铸型中所处的位置。

分型面和浇注位置常在一起表示，图中用横线表示分型面，汉字"上""下"和箭头表示浇注位置。

2. 分型面、浇注位置的选择

分型面、浇注位置的合理选择，有利于提高铸件质量，简化造型工艺，降低生产成本。选择时主要考虑以下原则：

1）分型面应尽量选取在铸件的最大截面处，以便造型和起模，尽量选择平面以简化造型工艺。

2）尽量减少分型面数量，分型面的形状应简单平直，以利于简化造型、减少错箱。如图 2-20 所示的天轮铸件，采用环状型芯以便于在大批量生产时使用机器造型。

3）尽量使铸件全部或大部分位于同一砂箱内，减少错型的可能性，尽量减少型芯、活块的数量，避免吊砂，并利于型芯的定位、固定与排气。

4）铸件上重要的加工面应朝下或处于垂直的侧面，以保证铸件质量。如图 2-21 所示的导轨朝下。

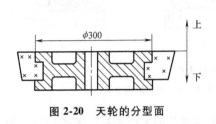

图 2-20 天轮的分型面

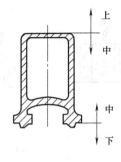

图 2-21 导轨的分型面

3. 模样、型腔、铸件与零件

模样是造型的模具，用来形成铸件的外部形状。模样在单件或小批量生产中用木材制成，在大批大量生产中用铸造铝合金、塑料等制成。

铸造生产中，用模样制得型腔，将金属液浇入型腔冷却凝固后获得铸件，铸件经切削加工后成为零件。因此，模样、型腔、铸件与零件之间在形状和尺寸上有着必然的联系。

在尺寸上，零件尺寸+加工余量（孔的加工余量为负值）= 铸件尺寸；铸件尺寸+收缩余量=模样尺寸。

在形状上，铸件和零件的差别在于有无起模斜度、铸造圆角和较小的孔、槽等；铸件是整体的，模样则可能是由几部分（包括活块）组成的。铸件上有孔的部位，其模样则可能是实心的，甚至还多出芯头的部分。

4. 浇注系统的设置

浇注系统为填充型腔而开设于铸型中的一系列通道。合理地设计浇注系统的形状、尺寸和流入型腔的位置，以保证金属液平稳地流入并充满型腔，有效地调节铸件的凝固顺序，防止冲砂、砂眼、气孔、浇不到、冷隔和裂纹等缺陷。

（1）浇注系统的组成及作用　浇注系统主要由浇口盆、直浇道、横浇道和内浇道组成，如图 2-22 所示。

1）浇口盆的作用是容纳浇入的金属液并缓解对铸型的冲击，使其平稳地流入直浇道。

2）直浇道是浇注系统中的垂直通道，形状常为圆锥形，上大下小。其作用是利用其高度产生一定的静压力。

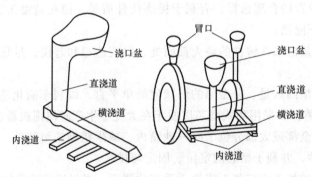

图 2-22　浇注系统

3）横浇道是开在上型分型面上，常为梯形截面的水平通道。其起挡渣和缓冲作用，使金属液平稳、合理分流至各内浇道。

4）内浇道是金属液直接流入型腔的通道，截面多为扁梯形或三角形，其作用是控制金属液流入型腔的方向和速度，调节铸件各部分的冷却速度。内浇道通常开在下型分型面上，避免正对型腔或型芯。而对壁厚不均匀的铸件，内浇道应开设在其相对厚壁处，以利于补缩；内浇道的位置和方向应尽量缩短金属液进入铸型及在型腔中的路径，以利于挡渣和避免冲刷型芯或铸型壁（图 2-23 和图 2-24）；内浇道还应避免开设在重要的加工面及非加工面上，以免影响加工质量或外观质量。

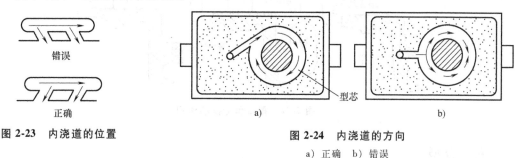

图 2-23　内浇道的位置

图 2-24　内浇道的方向

a）正确　b）错误

（2）浇注系统的类型　浇注系统的类型是按照内浇道在铸件上开设的位置分类的，主要有顶注式、底注式、侧注式和阶梯式（图 2-25）。一般根据铸件的形状、尺寸、壁厚和质量要求来选择浇注系统的类型。顶注式浇注系统适用于重量小、高度小、形状简单及不易氧化材料的薄壁和中等壁厚的铸件；底注式浇注系统适用于中大型厚壁、形状较复杂、高度较高的铸件和某些易氧化的合金铸件；侧注式浇注系统适用于整模造型的中小型铸件；阶梯式浇注系统适用于高度在 400mm 以上的大型复杂铸件（如机床床身）。

五、铸型

铸型是用型砂、金属材料或其他耐火材料制成的，主要是由上型、下型、浇注系统、型腔、型芯、冒口和通气孔组成的整体（图 2-26）。用型砂制成的铸型称为砂型。砂型用砂箱支承，是形成铸件形状的工艺装置。

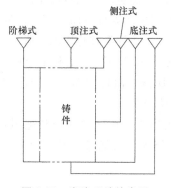

图 2-25　浇注系统的类型

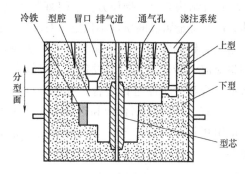

图 2-26　铸型的组成

冒口是供铸件补缩用的铸型空腔，内存金属液。冒口一般设置在铸件厚壁处最后凝固的部位，以获得无缩孔的铸件。其形状多为球顶圆柱形或球形，分为明冒口和暗冒口。明冒口顶部与大气相通，还有观察、排气和集渣的作用，应用较广。暗冒口顶部被型砂覆盖，造型操作复杂，但补缩效果比明冒口好，如图 2-27 所示。

冷铁是在铸型、型芯中安放的金属物，以提高铸件厚壁处的冷却速度、消除缩孔和裂纹。其一般用铸钢或铸铁制成，分为外冷铁和内冷铁两种。外冷铁作为铸型的一个组成部分，内冷铁多用于厚大而不太重要的铸件，如图 2-27 所示。

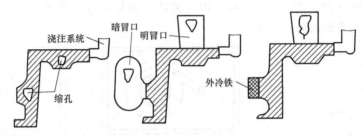

图 2-27　冒口和冷铁的作用

六、合型

合型是将铸型的各个组成部分组合成一个完整铸型的操作过程。合型是制造铸型的最后一道工序，应保证铸型型腔几何形状及尺寸的准确和型芯的稳固。合型后，应将上、下型紧扣（紧固装置）或放上压铁，以防浇注时上型被金属液抬起，产生跑火或抬型现象。

第三节　铸造合金的熔炼、浇注、落砂与清理

一、熔炼

要得到优质的铸件，除了要有好的造型材料和合理的铸造工艺外，选择优质的铸造合金、提高熔炼质量，也是一个重要方面。

对合金熔炼的基本要求是质量优、耗能低和效率高。

冲天炉是熔炼铸铁最典型的设备（图 2-28）。冲天炉是以燃烧焦炭产生热量熔化铸铁的设备，因具有结构简单、操作方便、熔炼效率高、成本低、能连续生产等特点而得到广泛应用。但冲天炉熔炼金属液的质量不稳定，对环境污染大、劳动条件差，已逐渐被感应电炉所代替。

熔炼铸钢的常用设备是碱性电弧炉和感应电炉。感应电炉（图 2-29）是利用电磁感应原理将交流电转化为热能的设备，不但能得到质量较高的金属液，而且周期短、操作方便，与造型、合型等工序进行配合，有利于自动化生产，降低劳动强度。

熔炼有色合金（铜合金和铝合金）的常用设备有焦炭坩埚炉、重油坩埚炉和电阻坩埚炉。电阻坩埚炉（图 2-30）具有控制温度准确、金属吸气和烧损少的优点，但生产率不高、耗电多。

二、浇注

将液态金属从浇包注入铸型型腔的操作过程称为浇注。浇注是保证铸件质量的重要环节，

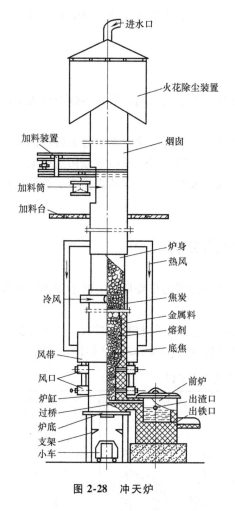

图 2-28　冲天炉

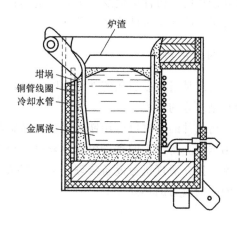

图 2-29　感应电炉

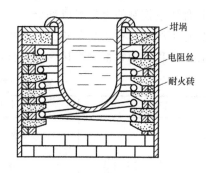

图 2-30　电阻坩埚炉

浇注是否合理，不仅影响铸件质量，还涉及操作工人的人身安全。浇注中应保证无浇注断流，控制好浇注温度和浇注速度；浇注后对收缩大的铸件应及时卸去压铁或夹紧装置，以免铸件产生铸造内应力和裂纹。

浇注操作需注意：

1）熟悉待浇注铸件的大小、形状等。准备好浇包并烘干预热，避免金属液飞溅伤人。

2）清除盖在铸型浇口盆上的散砂，避免落入铸型中。

3）浇注场地必须保持干燥、畅通。

4）在浇包的金属液表面撒草灰以保温和集渣。

5）浇注时应用挡渣片在浇口盆挡渣，控制流量，保证无浇注断流。

6）应控制浇注温度和浇注速度。

三、落砂

落砂是指用手工或机械方法使铸件与型砂分离的操作过程。落砂时要掌握好铸件的温度。落砂太早，易引起白口、变形和裂纹等缺陷；落砂太晚，铸件收缩受到铸型的阻碍会增大裂纹的倾向，还会影响型砂和工艺装备的周转而降低生产率。铸件的落砂温度取决于铸件的复杂程度、铸件重量及大小和合金的种类。一般铸件的落砂温度在 400~500℃。落砂的方法有手工落砂和机械落砂两种。

四、清理

清理是指落砂后从铸件上去除浇冒口和分型面及芯头上的毛刺，清除铸件内外表面的黏砂和型芯等的过程。

铸铁件的浇冒口可用铁锤敲掉，铸钢件的浇冒口可用气割切除，有色合金铸件的浇冒口可用锯削。铸件上的黏砂可用钢丝刷、锉刀、砂轮、风铲等手工工具清理或用清理滚筒、喷砂器、抛丸清理机等设备清理。对于复杂的或有特殊要求的铸件，在清理检验、合格后应进行消除内应力的热处理。

第四节　铸件缺陷分析

铸件缺陷是导致铸件性能降低、使用寿命短，甚至报废的重要原因。减小或消除铸件缺陷是铸件质量控制的重要组成部分。

铸造生产是一项较复杂的工艺过程，铸件结构的工艺性、原材料的质量、工艺方案、生产操作及管理等因素都会直接影响铸件的质量。常见铸件缺陷及其产生原因见表 2-2。

表 2-2　常见铸件缺陷及其产生原因

名称与图示	产生的原因	名称与图示	产生的原因
气孔	1）捣砂太紧，型砂透气性差 2）起模，修型刷水过多 3）型芯气孔堵塞或未烘干 4）金属熔解气体太多	冷隔　浇不足 a)　　b)	1）浇注温度太低 2）浇注速度过慢或曾中断 3）浇注位置不当，浇口太小 4）铸件太薄 5）转型太快，或有缺口 6）浇包内金属液不够
砂眼	1）造型时型砂未吹净 2）型砂强度不够，被金属液冲坏 3）捣砂太松 4）合型时，砂型局部损坏 5）内浇口冲刷型芯	缩孔　冒口	1）铸件结构不合理，壁厚不均 2）浇冒口位置不当，冒口太小未能顺序凝固 3）浇注温度太高 4）合金成分不对，收缩过大
渣气孔	1）浇注时，挡渣不良 2）浇注系统挡渣不良 3）浇注温度过低，渣未上浮	裂纹　裂纹	1）铸件结构不合理，壁厚差大，并急剧过渡 2）浇冒口位置不当 3）砂型退让性差 4）捣砂太紧，阻碍收缩 5）合金成分不对，收缩大

（续）

名称与图示	产生的原因	名称与图示	产生的原因
浇注断流	1）浇注时中断,产生飞溅、形成浇注断流,而后又被带入铸型 2）直浇道太高,浇注时,金属液从高处落下,引起飞溅	变形	1）铸件结构不合理,壁厚差大 2）金属冷却时,温度不均匀 3）打箱过早
黏砂	1）型砂与芯砂耐火性差 2）砂粒太大,金属液渗入表面 3）浇注温度太高 4）金属液中碱性氧化物过多	错型	1）合型时未对准 2）定位销或泥号不准
夹砂结疤 砂型 分层的砂壳 金属液 鼓起的砂壳	1）铸件结构不合理 2）型砂、黏土或水含量过低 3）浇注温度太高 4）浇注速度太慢,砂型受高温烘烧开裂翘起,金属液渗入开裂砂层	偏芯	1）型芯变形 2）下芯时放偏 3）下芯时未固定好,被冲偏 4）设计不良,型芯悬臂太长

第五节　特种铸造

特种铸造是指与砂型铸造不同的其他铸造工艺。常用的有：金属型铸造、熔模铸造、压力铸造、低压铸造、离心铸造、陶瓷型铸造、实型铸造、磁型铸造、差压铸造、连续铸造及挤压铸造等。

特种铸造一般能提高铸件的尺寸精度和表面质量，或提高铸件的物理和力学性能；此外还能提高金属的利用率，减少原砂消耗量；有些方法更适宜于高熔点、低流动性、易氧化合金铸件的铸造生产；有的能明显地改善劳动条件，便于实现机械化和自动化生产，提高生产率。

一、金属型铸造

在重力作用下把金属液浇入金属型腔而获得铸件的方法称为金属型铸造。

金属型一般用铸铁或铸钢制成（图 2-31），由于金属型导热快、无透气性和退让性，容易产生缺陷，因此需采取预热铸型、喷射涂料、开通气道、控制开型时间和温度等工艺措施，以防止铸件产生白口、气孔、裂纹、冷隔等缺陷。

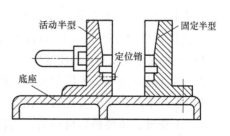

图 2-31　垂直分型的金属型

金属型铸造可"一型多铸"，节省了大量造型材料和工时，生产率、尺寸精度和表面质量较高，且铸件组织细密，力学性能好。但金属型的制造成本高、周期长，铸造工艺要求严格，不适于单件或小批量生产，不宜铸造形状复杂的大型薄壁件。

金属型铸造主要用于大批量生产形状简单的有色金属铸件，如气缸体、油泵壳体以及铜合金轴瓦、轴套等。

二、熔模铸造

熔模铸造是用易熔材料（蜡料）制成模样，在其上涂若干层耐火材料，形成型壳，熔出模样后经高温焙烧即可浇注而获得铸件的方法。它是一种精密铸造方法，基本无须切削加工，适合25kg以下的高熔点、难以切削加工的合金铸件大批量生产。其广泛应用于航天飞机、汽轮机叶片、泵轮、复杂刀具、汽车和机床上的小型铸件生产。

熔模铸造的工艺过程如图2-32所示。熔模铸造的铸型无分型面，可铸出各种形状复杂的薄壁铸件（最小壁厚可达0.03mm）；尺寸精度和表面质量较高，尺寸精度为IT11～IT14，表面粗糙度Ra值为1.6～12.5μm；适用于各种合金，适应于各种生产类型，并能实现机械化流水线生产；熔模制造的工艺过程复杂，生产周期长；原材料价格昂贵，生产成本高；由于尺寸蜡膜容易变形，不宜生产大型铸件。

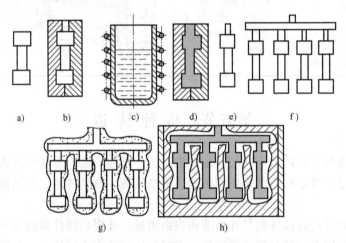

图2-32 熔模铸造的工艺过程

a）母模 b）压型 c）熔蜡 d）压制 e）单个蜡模 f）焊蜡模组 g）结壳、熔出蜡模 h）填砂、浇注

三、压力铸造

压力铸造是指在高压作用下，使金属液以较高的速度填充金属型腔，并在一定的压力下凝固而获得铸件的方法。压力铸造的特点如下：

1）铸件尺寸精度和表面质量高，尺寸精度为IT11～IT13，表面粗糙度Ra值为1.6～6.3μm。

2）铸件晶粒细小、表层紧实，强度和硬度高。

3）生产率高，便于实现自动化。

4）压铸机、压铸模具价格高，工艺准备周期长，不适合单件或小批量生产。

5）压铸件易存在气孔、缩孔、缩松等缺陷，不宜热处理，应尽量避免切削加工。

压力铸造是在专用的压铸机上进行的，压型一般采用耐热合金钢，其工艺过程如图 2-33 所示。

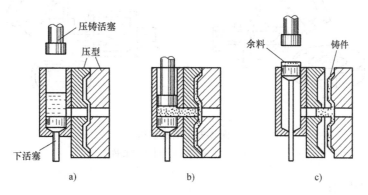

图 2-33 压力铸造的工艺过程

a）浇注 b）压射 c）开型

压力铸造主要用于大批量生产薄壁复杂的有色金属精密铸件，如箱体、电器、仪表和日用五金的中小零件等。

四、低压铸造

低压铸造是介于一般重力铸造（砂型、金属型）和压力铸造之间的一种铸造方法。其原理如图 2-34 所示。

低压铸造设备简单、便于操作，易实现机械化和自动化；有较强的适应性，充型平稳，可采用金属型、砂型、熔模壳型等；所得铸件组织致密，力学性能好。

低压铸造主要用于各种批量生产铝合金、铜合金和镁合金的铸件，如曲轴、叶轮、活塞等，也可用于生产球墨铸铁等高熔点合金的大型铸件。

五、离心铸造

将金属液注入绕水平、倾斜或垂直轴高速旋转的铸型中，在离心力的作用下充型、凝固而获得铸件的方法称为离心铸造。

离心铸造的铸型可用金属型、砂型、熔模壳型等，在离心铸造机上进行。离心铸造分为立式和卧式两类（图 2-35）。立式离心铸造为保

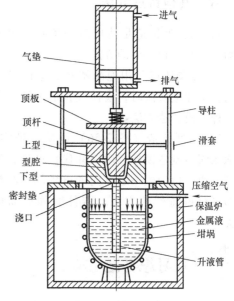

图 2-34 低压铸造

证铸件上下壁厚均匀，主要用于生产铸件高度不大的环、套类零件；卧式离心铸造制得的铸件壁厚均匀、应用较广，主要用于生产长度较大的简类、管类铸件，如内燃机缸套、铸管和铜管等。

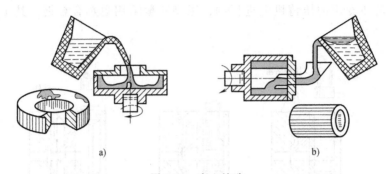

图 2-35　离心铸造

a）立式离心铸造　b）卧式离心铸造

离心铸造的特点：

1）离心铸造无须型芯和浇冒口，使铸造工艺大大简化，生产率高、成本低。

2）所得铸件外表层组织致密、力学性能好。

3）内表面质量差，尺寸精度可达 IT12～IT14，表面粗糙度 Ra 值为 $6.3～12.5\mu m$。离心铸造的铸件易产生偏析。

4）不适合易偏析合金（如铅青铜）或杂质较大合金的铸造。

离心铸造主要用于生产铸管、汽缸套、铜套等回转体铸件和铸成形铸件，如刀具、齿轮等，还可铸"双金属"铸件，如钢套内镶铜轴承等。

六、其他铸造方法

1）陶瓷型铸造是使用铸型型腔内表面胶结一层陶瓷层来获得铸件的方法。

2）实型铸造是用泡沫塑料制造的模样留在砂型内，浇注金属液时，模样气化消失即可获得铸件的一种失模铸造方法。

3）磁型铸造（图 2-36）也是一种实型铸造，用泡沫塑料制造模样，用铁丸代替型砂在磁型机上造型，通电后产生一定方向的电磁场，将铁丸吸固后即可获得铸件的方法。铸件凝固后断电，磁场消失。

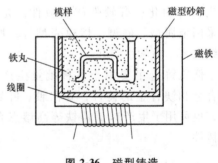

图 2-36　磁型铸造

复习思考题

1. 为什么铸造方法在生产中应用广泛？

2. 试述砂型铸造的工艺过程。

3. 试述型砂的组成及应具备的性能。

4. 常用手工造型的方法有哪几种？其工艺过程及特点分别是什么？

5. 零件、铸件、模样在形状和尺寸上有什么区别？

6. 与砂型相比，型芯制作有什么特殊要求？

7. 什么是分型面？选择分型面应考虑哪些问题？

8. 内浇道的用途是什么？开设内浇道时应注意什么问题？

9. 电弧炉有哪些特点？

10. 铸件的清理包括哪几个方面？

11. 简述常见铸造缺陷及其产生原因。

12. 所浇注的铸件发生过什么铸造缺陷？试分析其原因，应如何防止？

13. 简述常用的特种铸造种类及各自的应用范围。

第三章 焊 接

第一节 概 述

焊接是一种永久性的连接方法，广泛应用于机械制造、造船、建筑、石油化工、电力、桥梁、锅炉及压力容器制造等各工业领域。在生产中有时可以用焊接取代铆、锻、铸等加工方法制造比较复杂的金属结构，不但可以节省工时，提高产品质量，还可以节省大量材料。随着科学技术的发展，焊接工艺的应用范围不断扩大，受到各行各业的极大关注，对国民经济建设产生了重要影响。

按焊接过程的特点，焊接方法可分为熔焊、压焊及钎焊三大类。

在熔焊过程中，将焊接接头在高温等作用下达到熔化状态。由于焊件是紧密贴在一起的，在温度场、重力等的作用下，不加压力，两个焊件熔化的溶液会发生混合现象。待温度降低后，熔化部分凝结，两个焊件就被牢固地焊在一起，完成焊接。常用的熔焊有焊条电弧焊、气焊、埋弧焊、氩弧焊和电渣焊等。

压焊是对焊件施加压力，使接合面紧密地接触产生一定的塑性变形而完成焊接的方法。常用的压焊有电阻焊与摩擦焊，此外压焊还有超声波焊和爆炸焊。

钎焊是指低于焊件熔点的钎料和焊件同时加热到钎料熔化温度后，利用液态钎料填充接头间隙使金属连接的焊接方法，分为硬钎焊、软钎焊。

第二节 常用焊接方法

一、焊条电弧焊

焊条电弧焊是指以手工操作的焊条和焊件作为两个电极，利用焊条与焊件之间的电弧热量熔化金属进行焊接的方法。焊条电弧焊操作灵活、设备简单，并适用于各种接头形式和焊接位置，是目前应用最广的焊接方法之一。

焊接时，将焊件和焊钳（夹持焊条用）分别与电焊机的两个输出端相接，接通电源，使焊条与焊件间引燃电弧，电弧热将焊件接头处及焊条端部的金属熔化形成熔池，随着熔池的冷却凝固便形成了焊缝，使分离的焊件连成整体，如图 3-1 所示。

（一）焊接电弧

焊接电弧是指在焊条和焊件之间的空气电离区内产生的一种强烈而持久的气体放电现象

（图 3-2）。焊接电弧不同于一般电弧，它有一个从点到面的轮廓。点是电弧电极的端部；面是电极覆盖焊件的面积。电弧由电极端部扩展到焊件，其温度分布是不一致的，从横截面来看，温度是从外层向电弧心渐渐升高的；从纵向来看，阳极和阴极的温度特别高。焊接电弧的主要作用是把电能转换成热能，同时产生光辐射和响声（电弧声）。电弧的高热可用于焊接、切割和冶炼等。通常用焊条焊接时，阳极区产生的热量约占电弧总热量的 43%，温度约为 2600K；阴极区产生的热量约占电弧总热量的 36%，温度约为 2400K；弧柱区产生的热量约占电弧总热量的 21%，弧柱中心温度可达 6000～8000K。

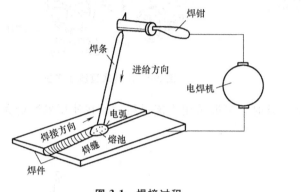

图 3-1　焊接过程

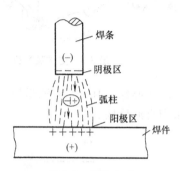

图 3-2　焊接电弧

（二）焊条电弧焊设备

焊条电弧焊的主要设备有交流弧焊机和直流弧焊机两类。

1. 交流弧焊机

交流弧焊机（简称弧焊变压器）是一种特殊的变压器（图 3-3）。它供给的焊接电流可依据焊条直径及焊件厚度来调节，电流的调节分为粗调和细调。

交流弧焊机具有结构简单、易造易修、成本低、效率高等优点。但焊接电弧电流波形为正弦波，输出为交流下降外特性，电弧稳定性较差，功率因数低，因此不如直流弧焊机稳定，且对某些种类的焊条不适应（酸性焊条优选）。值得注意的是，其接线无正接与反接之分。

2. 直流弧焊机

直流弧焊机分为旋转式直流弧焊机和整流式直流弧焊机两类。

旋转式直流弧焊机是由一台具有特殊性能的、能满足焊接要求的直流发电机供给焊接电流以实现焊接（图 3-4）。它引弧容易，电流稳定，焊接质量好，能适应各类焊条，但结构复杂、价格高、噪声大，适合于焊接质量要求较高或焊接薄的碳素钢件、有色金属铸件和特殊钢件等场合。

整流式直流弧焊机（简称弧焊整流器）是用大功率的整流元件组成整流器，将符合焊接要求的交流电变成直流电，供焊接使用（图 3-5）。它既具有比旋转式直流弧焊机结构简单、价格便宜、效率高、噪声小、维修方便等优点，又克服了交流弧焊机电弧不稳的缺点，是目前应用最广泛的直流弧焊机。

直流弧焊机输出端有正、负极之分，可采用正接（正极接焊件，负极接焊条）和反接（正极接焊条，负极接焊件）两种接线方法，如图 3-6 所示。焊接厚板时，一般采用直流正

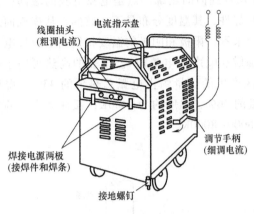

图 3-3 交流弧焊机

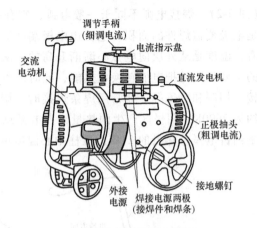

图 3-4 旋转式直流弧焊机

接；焊接薄板、有色金属或采用低氢型焊条时，一般采用直流反接。但在使用碱性焊条时，均采用直流反接。

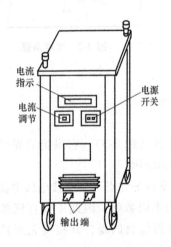

图 3-5 整流式直流弧焊机

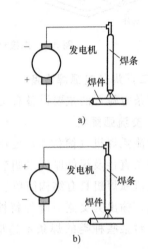

图 3-6 直流弧焊机正反接

a）正接 b）反接

（三）焊条

焊条由焊芯和药皮组成（图 3-7）。

焊条是在焊芯外将药皮均匀、向心地压涂在焊芯上。焊条种类不同，焊芯也就不同。焊芯即焊条的金属芯，一般是一根具有一定长度及直径的钢丝。焊接时，焊芯有两个作用：一是传导焊接电流，产生电弧把电能转换成热

图 3-7 焊条

能；二是焊芯本身熔化作为填充金属与液体母材金属熔合形成焊缝。为了保证焊缝的质量与性能，对焊芯中各金属元素的含量都有严格的规定，特别是对有害杂质（如硫、磷等）的含量，应有严格的限制。

压涂在焊芯表面的涂层称为药皮。药皮在焊接过程中起着极为重要的作用。若采用无药皮的光焊条焊接，则在焊接过程中，空气中的氧和氮会大量侵入熔化金属，将金属铁和有益元素碳、硅、锰等氧化和氮化形成各种氧化物和氮化物，并残留在焊缝中，造成焊缝夹渣或裂纹。而熔入熔池中的气体可能使焊缝产生大量气孔，以致焊缝的机械性能（强度、韧性等）大大降低，同时使焊缝变脆。

焊条种类很多，按用途可分为结构钢焊条、不锈钢焊条、铸铁焊条和有色金属用焊条等。按药皮熔渣的化学性质可分为酸性焊条和碱性焊条。

国家标准 GB/T 5117—2012 规定焊条型号根据熔敷金属的力学性能、药皮类型、焊接位置、电流类型、融敷金属化学成分和焊后状态等进行划分。本标准规定焊条型号由五部分组成：

1）第一部分用字母"E"表示焊条。

2）第二部分以字母"E"后面的紧邻两位数字表示熔敷金属的最小抗拉强度代号。

3）第三部分为字母"E"后面的第三、第四两位数字，表示药皮类型、焊接位置和电流类型。

4）第四部分为熔敷金属的化学成分分类代号，可为"无标记"或短划"—"后接字母、数字或字母和数字的组合。

5）第五部分为熔敷金属的化学成分分类代号之后的焊后状态代号，其中"无标记"表示焊态，"P"表示热处理状态，"AP"表示焊态和焊后热处理两种状态均可。

酸性焊条（E4303、E4320）主要用于一般的低碳钢和相应强度等级的低碳合金钢结构的焊接；碱性焊条（E4315、E4316、E5015、E5016）主要用于低碳合金钢、合金钢及承受动载的低碳钢重要结构的焊接。常用碳素钢焊条见表 3-1。

表 3-1 常用碳素钢焊条

型号	药皮类型	主要用途	焊接位置	焊接电流
E4303	钛型	焊接低碳钢结构	全位置	交流和直流正反接
E4320	氧化铁	焊接低碳钢结构	平焊、平角焊	交流和直流正接
E5015	碱性	焊接重要的低碳钢或中碳钢结构	全位置	直流反接
E5016	碱性	焊接重要的低碳钢或中碳钢结构	全位置	交流和直流反接

（四）焊条电弧焊工艺

1. 接头形式与坡口形式

根据焊件结构、厚度和工作条件的不同，应选择不同的接头形式。常用接头形式有对接、搭接、角接和 T 形接等（图 3-8）。对接接头省材料、受力较均匀，应用最广。重要的焊接结构如锅炉、压力容器等的受力焊缝常采用对接接头。

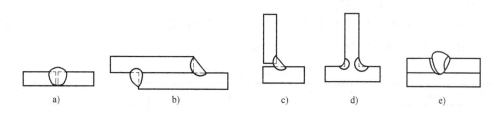

图 3-8 常用的接头形式

a）对接 b）搭接 c）角接 d）T 形接 e）塞焊

坡口是根据设计和工艺要求，在焊件待焊部位加工成一定几何形状的沟槽。常用的坡口形式有 I 形、V 形、X 形及 U 形等（图 3-9）。坡口通常采用切削加工、火焰气刨、碳弧气刨等加工方法。坡口的几何形状和尺寸在国家标准中有规定。

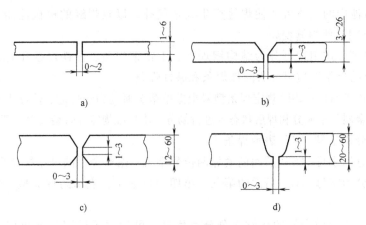

图 3-9　常用的坡口形式

a）I 形坡口　b）V 形坡口　c）X 形坡口　d）U 形坡口

2. 焊接位置

焊接位置可分为平焊、立焊、横焊和仰焊（图 3-10）。平焊时操作方便、劳动条件好，生产率高、焊缝质量容易保证，对操作者的技术水平要求较低，所以应尽可能采用平焊。仰焊焊接难度最大。

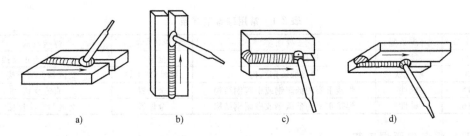

图 3-10　焊接位置

a）平焊　b）立焊　c）横焊　d）仰焊

3. 焊接参数

焊接参数是指焊接时为保证焊接质量而选定的物理量的总称。通常是指焊条直径、焊接电流、焊接速度、弧长和焊层等。

焊条直径通常根据焊件厚度选择。焊件较厚，则应选较粗的焊条。立焊、横焊和仰焊时，应选比平焊时较细的焊条。焊条直径的选择见表 3-2。

表 3-2　焊条直径的选择

焊件厚度/mm	2	3	4~7	8~12	≥13
焊条直径/mm	1.6~2.0	2.5~3.2	3.2~4.0	4.0~5.0	4.0~5.8

焊接电流主要根据焊条直径选择。焊接低碳钢时，焊接电流 I 和焊条直径 d 的关系是

$$I = (30 \sim 50)d$$

上式只提供了焊接电流的范围。实际生产中应根据接头形式、焊接位置、焊层和焊条种类等因素，通过试焊进行调整。电流过小，易引起夹渣和未焊透；电流过大，易产生咬边、烧穿等缺陷。

焊接速度是指焊条沿焊接方向移动的速度，即单位时间内完成的焊缝长度。焊条电弧焊时，焊接速度由操作者凭经验来掌握。

弧长是指焊接电弧的长度。电弧过长及焊速过快时，燃烧不稳定，熔深减少，易产生焊接缺陷，因此一般要求弧长小于或等于焊条直径，并在保证焊透的情况下，尽量快速施焊。

焊接厚件时，宜开坡口多层焊或多层多道焊，以保证焊根焊透。每层的焊接厚度不超过4~5mm，当每层厚度等于焊条直径的0.8~1.2倍时，生产率较高。

4. 焊接操作

焊条电弧焊的基本操作主要有引弧、运条和焊缝收尾。

引弧是指在焊条和焊件之间产生稳定的电弧。引弧有直击法和划擦法两种（图3-11）。直击法容易产生气孔，不易掌握，不适合初学者练习，一般应用于酸性焊条。划擦法因为容易操作，适合初学者使用，一般应用于碱性焊条。焊接时，将焊条端部与焊件表面做直击或划擦接触，形成短路后迅速提起2~4mm，电弧即引燃。

运条是指在焊接过程中焊条应同时完成沿其轴线向熔池方向的送进、沿焊接方向的匀速移动和沿焊缝方向的横向摆动三个基本

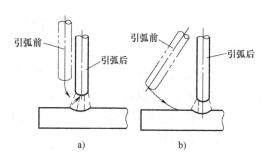

图3-11 引弧方法

a）直击法　b）划擦法

动作（图3-12）。同时，还应掌握好焊条与焊件之间的角度（图3-13）。运条的要点是：手腕运条，稳定均匀的速度，频率节奏鲜明。

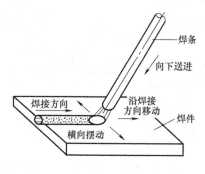

图3-12 运条的基本动作

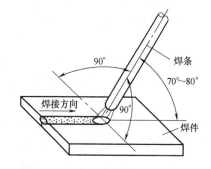

图3-13 平焊的焊条角度

焊缝收尾时，焊条要停止前移，在收弧处画一个小圈并慢慢将焊条提起，拉断电弧，以保证收尾处的成形。

（五）焊条电弧焊焊件质量分析

焊条电弧焊时常见的焊接缺陷有气孔、咬边、夹渣、未焊透、焊瘤、裂纹、焊接变形、

焊穿等（图 3-14）。咬边是指焊缝两侧与基体金属交界处产生沟槽或凹陷。夹渣是指焊后残留在焊缝中的焊渣。未焊透是指接头根部有未完全熔透的现象。焊瘤是指焊接过程中，熔化金属流到焊缝外未熔化母材上所形成的金属瘤。

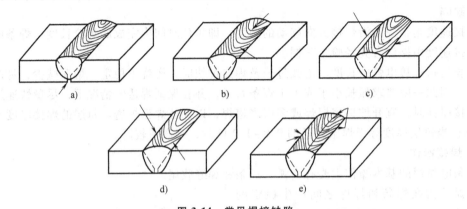

图 3-14　常见焊接缺陷

a）未焊透　b）气孔　c）咬边　d）夹渣　e）裂纹

　　焊件焊完后应对焊接接头进行必要的检验以确保焊接质量。检验方法可分为无损检验和破坏检验两大类。无损检验包括：外观检查、气密性检验、射线探伤、超声波探伤、磁粉探伤、渗透探伤等。破坏检验包括：焊接接头的力学性能试验、焊缝金属化学成分及金相组织检验和耐蚀性试验等。

二、气焊与切割

（一）气焊

　　气焊是利用气体火焰来熔化焊件和焊丝以形成焊接接头的焊接方法（图 3-15）。气焊所用的可燃气体有很多，有乙炔、氢气、液化石油气、煤气等，而最常用的是乙炔。乙炔的发热量大，燃烧温度高，制造方便，使用安全，焊接时火焰对金属的影响最小，火焰温度高达 3100～3300℃。氧气作为助燃气，其纯度越高，耗气越少。

　　气焊与焊条电弧焊相比，设备简单，操作灵活，不带电源。但气焊的设备占用生产面积较大，热源的温度低，热量分散，生产率低，焊件易变形，接头质量不高。气焊适于各种位置的焊接，适于焊接在 3mm 以下的低碳钢、高碳钢薄板、铸铁焊补以及铜、铝等有色金属的焊接。在无电或电力

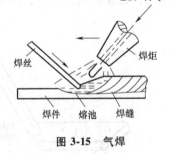

图 3-15　气焊

不足的情况下，气焊则能发挥更大的作用。常用气焊火焰对焊件、刀具进行淬火处理，对纯铜皮进行回火处理，并可矫直金属材料和净化焊件表面等。此外，由微型氧气瓶和微型熔解乙炔气瓶组成的手提式或肩背式气焊气割装置，在旷野、山顶、高空作业中应用十分简便。

1. 气焊设备与焊丝

（1）气焊设备　气焊设备及气路连接如图 3-16 所示。

　　氧气瓶是储存高压氧气的钢瓶，通常容积为 40L，最高压力为 14.7MPa，外表漆成天蓝

色，并用黑漆写上"氧气"字样。

乙炔瓶的外壳漆成白色，用红色写明"乙炔"字样和"火不可近"字样。乙炔瓶的容量通常为40L，乙炔瓶的工作压力为1.5MPa，而输送给焊炬的压力很小。因此，乙炔瓶必须配备减压器，同时还必须配备回火保险器。

减压器是将高压气体降为低压气体的调节装置。气焊时所需的气体工作压力一般比较低，如氧气压力通常为0.2～0.4MPa，乙炔压力最高不超过0.15MPa。因此，必须将氧气瓶和乙炔瓶输出的气体经减压器减压后才能使用，而且可以调节减压器的输出气体压力。

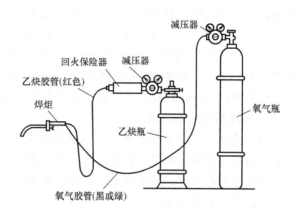

图 3-16　气焊设备及气路连接

回火保险器装在减压器和焊炬之间，用来防止火焰沿乙炔胶管回烧的安全装置。

焊枪俗称焊炬，是气焊中的主要设备。它的构造多种多样，但基本原理相同，是用于控制气体混合比、流量及火焰并进行焊接的工具。各种型号的焊炬均备3～5个不同的焊嘴，以满足焊接不同厚度焊件的需要。焊炬有射吸式和等压式两种，常用的是射吸式焊炬（图3-17）。

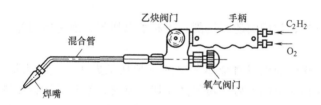

图 3-17　焊炬

（2）焊丝　气焊用的焊丝在气焊中起填充金属的作用，与熔化的母材一起形成焊缝。因此，焊缝金属的质量在很大程度上取决于焊丝的化学成分和质量。焊接低碳钢常用的焊丝牌号是H08和H08A。焊丝直径应根据焊件厚度来选择，一般为2～4mm。焊接有色金属、合金钢和铸铁时还需使用气焊熔剂来保护熔池，去除氧化物，改善液态金属的流动性。

2. 气焊火焰

常用的气焊火焰是乙炔与氧混合燃烧所形成的火焰，也称氧乙炔焰。根据氧与乙炔混合比的不同，可得到中性焰、碳化焰和氧化焰三种火焰。

（1）中性焰　当氧气与乙炔的体积比为1.0～1.2时，可得中性焰，它由焰芯、内焰和外焰构成。内焰温度最高，可达3000～3200℃。焊接时应使熔池及焊丝末端处于焰芯前2～4mm的最高温度区。

用中性焰焊接时主要利用内焰加热焊件。中性焰燃烧完全，对红热或熔化了的金属没有炭化和氧化作用，所以称为中性焰。气焊一般都可以采用中性焰。它广泛用于低碳钢、低合金钢、中碳钢、不锈钢、纯铜、灰铸铁、锡青铜、铝及合金、铅锡、镁合金等的气焊。

（2）碳化焰　当氧气与乙炔的体积比小于1.1时，可得到碳化焰。由于氧气不足，燃速减慢，火焰柔长，温度较低，最高温度为2850℃左右。

碳化焰适用于高碳钢、铸铁、硬质合金和高速工具钢等金属材料的焊接或焊补。

（3）氧化焰　当氧气与乙炔的体积比大于1.2时，可得氧化焰。由于氧气过剩，燃烧剧烈，火焰缩短，温度最高可达3300℃。由于氧化焰对熔池有氧化作用，故很少采用，只用于焊接黄铜和镀锌铁皮，以防止锌在高温时蒸发。

3. 气焊基本操作技术

（1）点火、调节火焰和灭火　点火时，先微开氧气阀门，再打开乙炔阀门，随后点燃火焰，逐渐开大氧气阀门，将碳化焰调整成中性焰。灭火时，应先关乙炔阀门，后关氧气阀门。氧气开得过大时，易出现不易点火的现象，这时应将氧气调节阀关小。

（2）平焊　气焊时，左手拿焊丝，右手握焊炬。焊接开始时，焊炬倾角应大些，以便尽快加热和熔化焊件形成熔池；焊接时，焊炬倾角保持在40°~50°；焊接结束时，焊炬倾角应减小，以便更好地填满弧坑和避免焊穿，如图3-18所示。

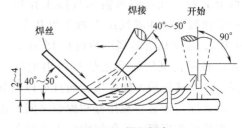

图3-18　焊炬倾角

焊炬向前移动的速度应能保证焊件熔化并保持熔池具有一定的大小。焊件熔化形成熔池后，再将焊丝适量地送入熔池内熔化。

（二）切割

切割除机械切割外，常用的还有气割、等离子弧切割、激光切割等。

1. 气割

气割是利用气体火焰的能量将金属分离的一种加工方法，气体火焰（氧气与乙炔）的热能将被切割处金属预热至燃点后，喷射高速切割氧流，使其燃烧并放热，同时生成的氧化物被氧流吹走，形成切口而实现切割（图3-19）。气割是生产中钢材分离的重要手段。气割技术几乎是和焊接技术同时诞生的一对相互促进、相互发展的"孪生兄弟"，构成了钢铁一裁一缝。

气割时用割炬代替焊炬，其余设备与气焊相同。手工气割的割炬比气焊的焊炬增加了输出切割氧气的管路和控制切割氧气的阀门（图3-20）。

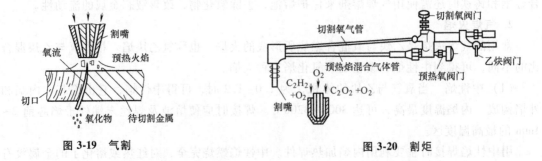

图3-19　气割　　　　　　　　　　　　图3-20　割炬

气割的主要条件是：

1）金属在氧气中的燃点应低于熔点，这是氧气切割过程能正常进行的基本条件。

2）气割时形成氧化物的熔点应低于金属本身的熔点。氧气切割过程产生的金属氧化物的熔点必须低于该金属本身的熔点，同时流动性要好，这样的氧化物能以液体状态从切口处被吹除。

3）金属在切割氧流中燃烧属于放热反应，其所放出的热量足以维持切割过程继续进行而不中断。

4）金属的导热性不应太高，否则预热火焰及气割过程中氧化所析出的热量会被传导散失，使气割不能开始或中途停止。

气割的特点是设备简单、操作灵活方便、生产率高、适应性强，可在任意位置和任意方向切割任意形状和任意厚度的工件。

2. 等离子弧切割

等离子弧切割是利用等离子弧的热能实现切割的方法。气体可以是空气，也可以是氢气、氩气和氮气的混合气体。高频电弧使一些气体"分解"或离子化，成为基本的原子粒子，从而产生等离子。然后，电弧跳跃到工件上，高压气体把等离子从喷嘴吹出，出口速度为 800～1000m/s。这样，结合等离子中的各种气体恢复到正常状态时所释放的高能量产生2700℃的高温（该温度几乎是不锈钢熔点的两倍），从而使不锈钢快速熔化，熔化的金属由喷出的高压气流吹走。因此，需要用排烟和除渣设备。等离子弧是电弧经机械、热和电磁压缩效应后形成的（图 3-21）。

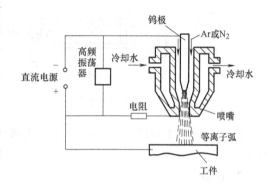

图 3-21　等离子弧切割装置

等离子弧切割的特点是高速、高效、高质量，切口光滑，切割厚度可达 150～200mm。其主要用于切割合金钢、不锈钢、铸铁、铜、铝、镍、钛及其合金、难熔金属和非金属。

3. 激光切割

激光切割是利用高功率密度激光束照射被切割材料，使材料很快被加热至汽化温度，蒸发形成孔洞，随着光束对材料的移动，孔洞连续形成宽度很窄的（0.1mm 左右）切口，完成对材料的切割。目前主要有激光升华切割、激光熔化切割和激光燃烧切割三种方法。激光切割不易氧化，适用于直径小于 20mm 和强度要求不高的焊件，也可用于棒材、管材和板材的焊接。因为没有刀具加工成本，所以激光切割设备适用于生产小批量的各种尺寸的部件。激光切割设备通常采用数控装置。采用该装置后，即可从计算机辅助设计（CAD）工作站接收切割数据。

4. 闪光对焊

闪光对焊的焊接过程是：通电→闪光加热→顶锻、断电→去压。闪光加热是焊件端面逐渐移近达到局部接触时，接触点金属迅速熔化，以火花形式飞溅，形成闪光。多次闪光加热后，焊件端面就均匀达到半熔化状态，然后断电加压顶锻，形成了焊接接头。该接头质量较高、强度好，但接头表面粗糙，主要用于棒料、型材等的焊接，也可用于异种金属的对接。

5. 点焊

点焊是指焊接时利用熔化电极，在焊件接触面之间形成焊点的焊接方法（图 3-22）。焊点间距不应太小，以减少分流的影响，且与焊件材料和厚度有关。

点焊时，先加压使焊件紧密接触，随后接通电流，在电阻热的作用下焊件接触处熔化，冷却后形成焊点。点焊主要用于厚度4mm以下的薄板构件、冲压件焊接，特别适合汽车车身和车厢、飞机机身的焊接；但不能焊接有密封要求的容器。

6. 缝焊

缝焊过程与点焊相似，只是用滚轮电极代替熔化电极。焊接时，转动的滚轮电极压紧并带动焊件向前移动，配合断续通电，形成连续重叠的焊点（图3-23）。缝焊的焊缝具有良好的密封性。

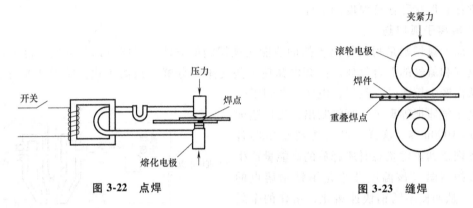

图 3-22　点焊　　　　　　　　　　　图 3-23　缝焊

缝焊主要用于焊接厚度3mm以下、要求密封性的容器和管道等，如汽车的油箱、消声器等。

7. 钎焊

钎焊是指低于焊件熔点的钎料和焊件同时加热到钎料熔化温度后，利用液态钎料填充接头间隙使金属连接的焊接方法。钎焊时，首先要去除母材接触面上的氧化膜和油污，以利于毛细管在钎料熔化后发挥作用，增加钎料的润湿性和毛细流动性。根据钎料熔点的不同，钎焊又分为硬钎焊和软钎焊。

钎焊的焊接过程是：焊前准备（除油、机械清理）→装配零件、填放钎料→加热、钎料熔化→冷却、形成接头→焊后清理→检验。

钎焊的加热方法有：烙铁、火焰、电阻、感应、盐浴、红外、激光、气相（凝聚）加热等。

钎焊的焊接温度低、焊接应力和变形小、尺寸精度高，可焊接异种金属，易于实现机械化和自动化，但接头强度较低、耐热性差，多用搭接接头。其主要用于焊接微电子元件、精密仪器、真空器件、异种金属构件及某些复杂的薄板结构等。

（三）特种焊接

1. 摩擦焊

摩擦焊是指利用焊件接触面摩擦产生的热量为热源，使焊件在压力作用下产生塑性变形而进行焊接的方法（图3-24）。其特点是接头质量好，生产率高，易实现自动化，适用于碳素钢、高速工具钢、不锈钢、低合金高强度结构钢、镍合金的焊接，尤其是异种材料间的焊接，如碳素钢—不锈钢、铝—铜、铝—钢、铝—陶瓷等，如石油钻杆、圆柄刀具等。

2. 超声波焊

超声波焊是指利用超声波频率（20kHz以上）的机械振动能量连接金属的一种特殊焊

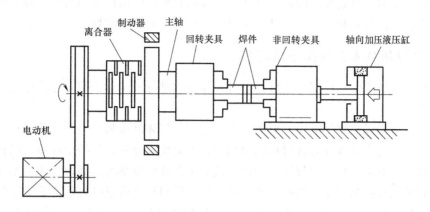

图 3-24 摩擦焊

接方法（图 3-25）。超声波焊时，不向焊件输入高温热能，只是在静压力下，将弹性振动转换为焊件振动，使焊件间结合。这种接头间未经熔化产生的结合，称为固态焊。其特点是焊件变形小、尺寸精确，可用于微连接以及厚度差别很大的焊件，适用于同种或异种金属间、半导体、塑料、金属陶瓷等的焊接，如微电子元件、汽轮机的水电接头等。

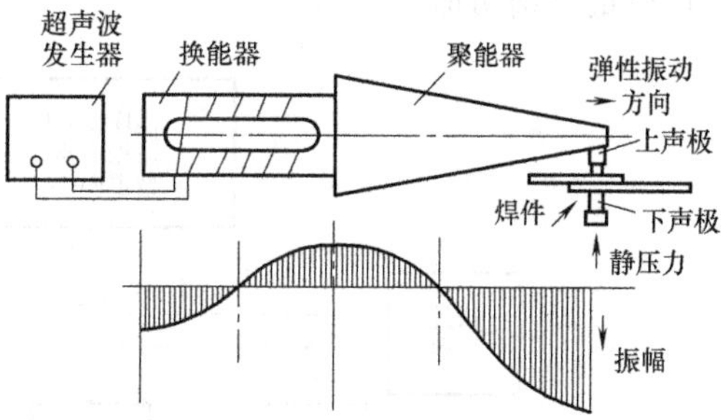

图 3-25 超声波焊

3. 电子束焊

电子束焊是指利用加速和聚焦的电子束轰击置于真空或非真空中的焊接面，使焊件熔化实现焊接（真空电子束焊是目前应用最广的电子束焊）。电子束焊的特点是焊接速度快，焊件变形小，焊缝质量极高，适用于其他焊接工艺难以焊接的形状复杂焊件以及特种金属和难熔金属（钼、锆、钨、铌等）、异种金属、金属与非金属的焊接，如发动机喷管、核反应堆壳体、微动减振器等。

4. 激光焊

激光焊是指以高能量密度的激光作为热源，熔化金属后，形成焊接接头的焊接方法。与电子束焊相比，激光焊的最大特点是不需要真空室，焊接过程不产生 X 射线。但激光焊的焊件厚度要比电子束焊小得多。

特种焊接目前应用的还有电渣焊、铝热焊、爆炸焊、磁力脉冲焊、扩散焊、旋弧焊和电子束钎焊等。

第三节　焊接技术的发展

焊接是现代制造业中最为重要的材料成形和加工技术之一，焊接制造技术的发展对我国成为制造强国有着极为重要的意义。由于钢材仍将是未来较长时间占主导地位的基础结构材料，因此需加强新一代钢材焊接冶金理论的研究及高品质焊接材料的发展；另外自动化焊接和智能化焊接是实现高效焊接的重要途径，应加强其集成应用技术的研究；应加强焊接结构完整性评价技术的研究和应用，这是确保焊接结构可靠的重要前提。

一、计算机技术在焊接中的应用

在现代焊接技术中，应用计算机技术对焊接过程进行测试和控制，已给焊接生产和研究带来了变化。

利用计算机可以对焊接电流、电压、焊接速度、气体流量和压力等参数进行快速综合计算分析和控制；也可对各种焊接过程的数据进行独立统计分析，总结出焊接不同材料、不同板厚的最佳工艺方案。目前以计算机为核心建立了各种控制系统，如设备控制系统、质量监控系统、焊接顺序控制系统、PID 调节系统、最佳控制及自适应控制系统等。这些系统均在电弧焊、压焊和钎焊等不同焊接方法的生产实际中得到应用。如图 3-26 所示为电弧焊设备计算机控制系统。该系统可完成对焊接过程的开环和闭环控制，可对焊接电流、焊接速度、弧长等参数进行分析和控制，以及对焊接操作程序和参数变化等做出显示和数据保留，并给出焊接质量的确切信息。

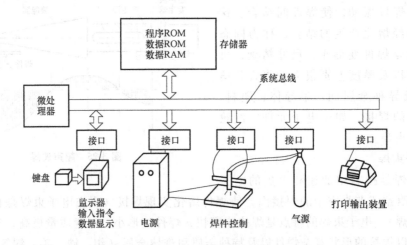

图 3-26　电弧焊设备计算机控制系统

二、焊接技术的新发展

焊接技术的新发展主要体现在焊接热源的研发、焊接生产率的提高和焊接机器人的应用等方面。

焊接热源的新发展主要有：

1）改善现有热源，使它更有效、方便和经济适用，电子束焊和激光焊的发展最为显著。

2）研发更好、更有效的热源，采用两种热源叠加以求更高的能量密度，如在电子束中加入激光束等。

3）节能技术，如太阳能焊、电阻点焊中利用电子技术提高电焊机的功率因数等。

焊接生产率的提高是推动焊接技术发展的重要驱动力。目前提高焊接生产率的途径主要有：

1）提高熔敷效率，如焊条电弧焊中的铁粉焊、重力焊、躺焊以及埋弧焊中的多丝埋弧焊、热丝焊等。

2）减小坡口角度及熔敷金属，如以气体保护电弧焊为基础，采用单丝、双丝或三丝进行焊接的窄间隙焊等。

焊接机器人是从事焊接（包括切割与喷涂）的工业机器人。根据国际标准化组织（ISO），工业机器人属于标准焊接机器人的定义，工业机器人是一种多用途的、可重复编程的自动控制操作机（Manipulator），具有三个或更多可编程的轴，用于工业自动化领域。焊接机器人在现代焊接生产中的大量应用，是焊接自动化的进步。它突破了焊接刚性自动化的传统方式，开拓了一种柔性自动化的新方式，实现了小批量产品焊接自动化，为焊接柔性生产线提供了技术基础。

 复习思考题

1. 简述焊接设备的保养与养护。

2. 简述 CO_2 气体保护焊的基本操作流程。

3. 焊条分为几个部分？各部分有何作用？

4. 画简图表示电焊操作时所用设备及其连接情况，并说明所用设备的名称和作用。

5. 结合焊接安全技术，谈谈自己在学习、生活中如何安全用电。

6. 通过本章的学习，介绍一下你日常学习、生活中看到的哪些东西是通过焊接制作的。谈谈你对焊接技术未来发展的看法。

第四章 车 削

第一节 概 述

车削是利用工件的旋转运动和刀具的相对运动在车床上完成零件加工的一种切削加工工艺，是最基本、应用最广泛的机械加工工艺之一。

在车削中，工件的旋转运动是主运动，车刀相对工件的运动是进给运动。切削用量为切削速度 v（m/min）、进给量 f（mm/r）和切削深度（也称为背吃刀量）a_p（mm）。切削速度是指工件加工表面最大直径处的线速度；进给量是指工件转一圈时，车刀沿进给运动方向移动的距离；切削深度是指工件已加工表面和待加工表面间的垂直距离。

车削的应用范围很广，可以加工各种旋转表面和平面（图 4-1），加工精度可达 IT1～IT6，表面粗糙度 Ra 为 12.5～1.6μm。

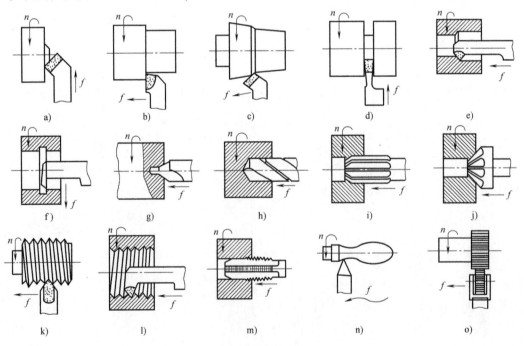

图 4-1 车削的加工范围

a）车端面　b）车外圆　c）车外锥面　d）切槽、切断　e）镗孔　f）切内槽　g）钻中心孔　h）钻孔
i）铰孔　j）锪孔　k）车外螺纹　l）车内螺纹　m）攻螺纹　n）车成形面　o）滚花

第二节　车　　床

在所有的机械加工设备中，车床是最常用的一种，它占据了整个金属切削机床的一半。车床品种繁多，包括卧式车床、立式车床、转塔车床、仿形车床、多刀车床、半自动车床、数控车床等。在这些车床中，使用最广泛的是卧式车床。

一、车床的型号

车床型号是按 GB/T 15375—2008《金属切削机床型号编制方法》规定，由汉语拼音字母和阿拉伯数字组成的。型号的具体含义如下：

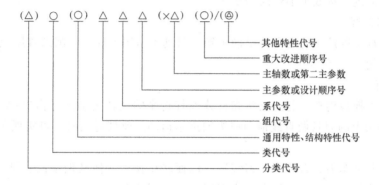

车工实习中常见的车床型号为 CA6136，其中 C 是"车"字汉语拼音的首字母，代表机床类型为车床，读作"车"；A 在此处为结构特性代号，是为了区分主参数相同而机构不同的机床，可以理解为这种型号的车床在结构上区别于 C6136 型车床；6 为组代号，表示落地及卧式车床；1 为系代号，表示卧式车床；36 为主参数代号，表示最大车削直径的 1/10，即最大车削直径为 360mm。

二、车床的组成

卧式车床的主要组成如图 4-2 所示。

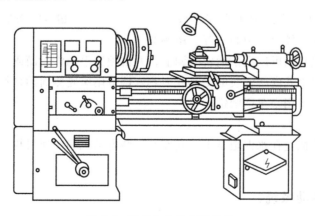

图 4-2　卧式车床的主要组成

1. 床身

床身是用来支承各主要部件，并按技术要求把各个部件连接在一起，使其在工作时保持准确的相对位置，是机床的基础件。床身上的导轨用以引导刀架和尾座相对于主轴箱进行准确移动。床身结构的紧固性和精度对车床的加工精度有很大影响。

2. 主轴箱

主轴箱内装空心主轴和主轴变速机构。动力经变速机构传给主轴，主轴箱的变速手柄可以改变主轴箱内齿轮的啮合关系，使主轴按规定的速度带动工件旋转，实现主运动。

3. 进给箱

进给箱内装进给运动的变速机构，主轴的旋转运动通过齿轮传入进给箱，经过变速机构带动光杠或丝杠以不同的转速转动，最终通过溜板箱而带动刀具移动，实现进给运动，并可以获得所需要的进给量或车削螺纹的螺距。

4. 光杠和丝杠

光杠和丝杠将进给箱的运动传给溜板箱。自动走刀用光杠，车削螺纹用丝杠，光杠和丝杠不能同时使用。

5. 溜板箱

溜板箱与大拖板连在一起。它将光杠或丝杠传来的旋转运动通过齿轮-齿条机构（或丝杠副）带动刀架上的刀具做直线横向或纵向进给运动。丝杠运动时，可实现车螺纹。

6. 刀架

刀架用来装夹车刀，有 4 个装刀装置，以便转位换刀。使其做横向、纵向及斜向运动，由大拖板、中拖板、小拖板、转盘和方刀架组成（图 4-3）。

大拖板（纵溜板、大刀架）与溜板箱连接，可带动车刀沿床身导轨做纵向移动；中拖板（横溜板、横刀架）可沿大拖板上的导轨做横向移动；转盘与中拖板用螺栓紧固，松开螺母，可使其在水平面内转动任意角度；小拖板（小溜板、小刀架）可沿转盘上的导轨做短距离纵向进给或在转动转盘后做斜向进给。

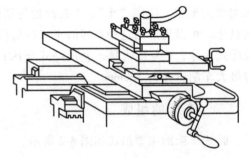

图 4-3 刀架的组成

7. 尾座

尾座套筒内可以安装顶尖用来支承较长工件，也可以安装钻头、铰刀、中心钻等。尾座套筒在尾架体壳的伸出长度可以用手柄转动调节，并由锁紧手柄将套筒固定，也可以将套筒退到末端，可卸下套筒锥孔内所安装的工具或刀具。调节尾座底侧面的螺钉，尾座体在尾架底板上还可以横向移动，用来车削圆锥。

8. 床脚

床脚用地脚螺栓固定在水泥地基上，其左端安装电动机和变速机构，右端安装电气控制箱和冷却泵。

三、车床的传动系统

车床的运动分为工件旋转和刀具移动两种运动。前者为主运动，是由电动机经带轮和齿轮等传至主轴产生的；后者称为进给运动，是由主轴经齿轮等传至光杠或丝杠，从而带动刀具移动而产生的。进给运动又分为纵向进给（纵走刀）和横向进给（横走刀）两种。纵向进给是指车刀沿主轴轴向移动，横向进给是指车刀沿主轴径向移动。

机床常用的传动形式有带传动、齿轮传动、蜗杆传动、齿轮齿条传动及丝杠螺母传动。图 4-4 所示为 C6136 卧式车床的传动系统框图。

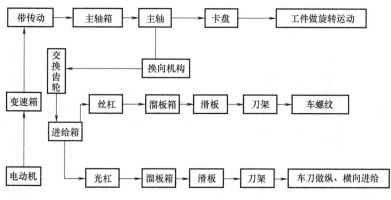

图 4-4　C6136 卧式车床的传动系统框图

1. 主运动传动系统

主运动传动系统是指从电动机到主轴之间的传动，其作用是使主轴带动工件旋转，并满足主轴变速和换向的要求。图 4-5 所示为 C6136 卧式车床的主运动传动系统框图。C6136 卧式车床的变速箱可输出 6 种转速，经带轮传给主轴箱，再经主轴箱内变速机构的高、低速变换，主轴可获得 27.6～1350r/min 的 12 种转速。C6136 卧式车床的主运动传动路线为

$$
电动机 \xrightarrow{\frac{\phi100}{\phi160}} 1 - \begin{bmatrix} \dfrac{33}{45} \\ \dfrac{46}{32} \\ \dfrac{38}{40} \end{bmatrix} - \mathrm{II} - \begin{bmatrix} \dfrac{42}{36} \\ \dfrac{22}{56} \end{bmatrix} - \mathrm{III} \xrightarrow{\frac{\phi170}{\phi190}} \mathrm{IV} - \begin{bmatrix} \dfrac{26}{64} - \mathrm{V} - \dfrac{17}{58} \\ 内齿轮离合器 \end{bmatrix} - \mathrm{VI} \ (主轴)
$$

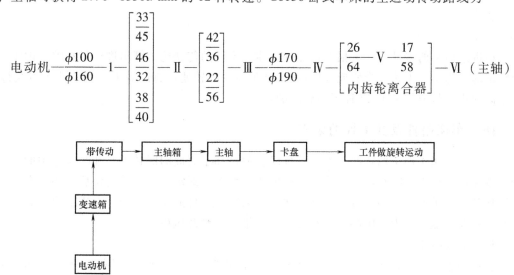

图 4-5　C6136 卧式车床的主运动传动系统框图

主轴转速可根据电动机的转速和不同的传动比计算。主轴最高、最低转速为

$$
n_{\max} = 1440 \times \frac{100}{160} \times \frac{46}{32} \times \frac{42}{36} \times \frac{170}{190} \mathrm{r/min} = 1350\mathrm{r/min}（各传动比均取最大值）
$$

$$n_{\min} = 1440 \times \frac{100}{160} \times \frac{33}{45} \times \frac{22}{56} \times \frac{170}{190} \times \frac{26}{64} \times \frac{17}{58} \mathrm{r/min} = 27.6 \mathrm{r/min}（各传动比均取最小值）$$

主轴的反转是由电动机的反转实现的。

2. 进给运动传动系统

进给运动传动系统是指从主轴到刀架之间的传动。C6136 卧式车床的进给运动传动路线为

$$\mathrm{VI}—（主轴）—\begin{bmatrix}\dfrac{55}{35}—\mathrm{VII}—\dfrac{35}{55} \\ \dfrac{55}{55}（换向齿轮）\end{bmatrix}—\mathrm{VIII}—\dfrac{29}{56}—\mathrm{IX}—\dfrac{甲}{乙}—\mathrm{X}—\dfrac{丙}{丁}—\mathrm{XI}—\begin{bmatrix}\dfrac{26}{52} \\ \dfrac{30}{48} \\ \dfrac{27}{36} \\ \dfrac{21}{24} \\ \dfrac{27}{24}\end{bmatrix}—\mathrm{XII}—$$

$$\begin{bmatrix}\dfrac{39}{39}\times\dfrac{52}{26} \\ \dfrac{26}{52}\times\dfrac{52}{26} \\ \dfrac{39}{39}\times\dfrac{26}{52} \\ \dfrac{26}{52}\times\dfrac{26}{52}\end{bmatrix}—\mathrm{XIII}—\begin{bmatrix}\dfrac{39}{39}—光杠—\dfrac{2}{45}—\mathrm{XIV}—离合器—\dfrac{38}{47}—\mathrm{XVI}—\dfrac{47}{45}—横进给丝杠—横向进给 \\ \dfrac{39}{39}—丝杠—\dfrac{24}{60}—\mathrm{XV}—离合器—\dfrac{25}{55}—\mathrm{XVII}—齿轮齿条—纵向进给\end{bmatrix}$$

在进给运动的传动中，可根据各传动路线上不同的传动比计算出进给量和螺纹螺距。对于给定的一组交换齿轮，光杠或丝杠可获 20 种不同的转速，通过溜板箱就能使车刀获得 20 种不同的进给量或加工出 20 种不同螺距的螺纹。

四、车床附件及其工件的装夹

车床主要用于加工回转面，安装工件时应使被加工表面的回转中心和车床主轴的轴线重合，以保证工件加工时在机床上或夹具中的正确位置，即定位。工件定位后，还需夹紧，以承受切削力、重力、离心力等。装夹方法主要取决于工件的尺寸结构。常用的附件有自定心卡盘、单动卡盘、顶尖、中心架、跟刀架、心轴、花盘及压板等。

1. 自定心卡盘

自定心卡盘（三爪卡盘）是车床上最常用的附件之一。其构造如图4-6所示。当扳手插入卡盘体内三个小锥齿轮的方孔中转动时，可使与其啮合的大锥齿轮转动。大锥齿轮背面的平面螺纹就使得三个卡爪同时做向心或离心移动，以实现工件的夹紧或松开。

自定心卡盘能自动定心、装夹方便迅速，但定心精度不高（一般为 0.05~0.15mm），夹紧力较小。装夹直径较小的外圆表面用正爪进行，装夹直径较大的外圆表面，将反爪换到卡盘上即可进行（图4-7）。工件上同轴度要求较高的表面，应尽可能在一次装夹中车出。

自定心卡盘适合装夹轴、套、盘类或六角形等零件。

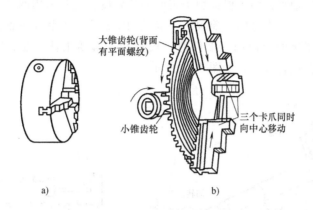

图 4-6　自定心卡盘

a）外形　b）结构

2. 单动卡盘

单动卡盘（四爪卡盘）外形如图 4-8 所示。它的 4 个卡爪通过 4 个调整螺杆分别独立移动。它不仅可以装夹圆柱工件，还可以装夹方形、长方形、椭圆或其他形状不规则的工件。装夹时，必须用划针盘（图 4-9a）或百分表进行找正，使工件回转中心对准车床主轴中心。如图 4-9b 所示为用百分表找正，精度可达 0.01 mm。

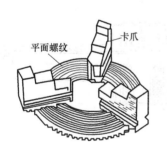

图 4-7　用反爪装夹

图 4-8　单动卡盘

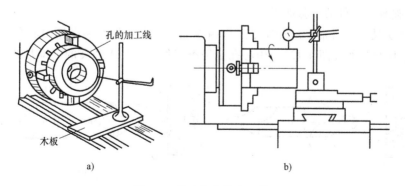

图 4-9　单动卡盘装夹工件

a）用划针盘找正　b）用百分表找正

3. 顶尖

在车床上加工长轴时，为了保证加工表面的位置度，通常采用两顶尖来装夹工件。工件利用中心孔支承在前后顶尖之间，前顶尖一般是固定顶尖，安装在主轴锥孔内，后顶尖一般是回转顶尖，装在尾座的套筒内，工件通过拨盘和卡箍随主轴一起转动，如图 4-10 所示。有时也用自定心卡盘代替拨盘，如图 4-11 所示。

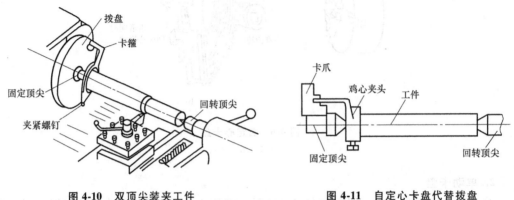

图 4-10　双顶尖装夹工件　　　　图 4-11　自定心卡盘代替拨盘

常用的顶尖有固定顶尖和回转顶尖，其形状如图 4-12 所示。前顶尖用固定顶尖。在高速切削、粗加工或半精加工时后顶尖用回转顶尖；在加工精度要求比较高时，后顶尖用固定顶尖，但要合理选择切削速度，以减小磨损和防止烧坏。

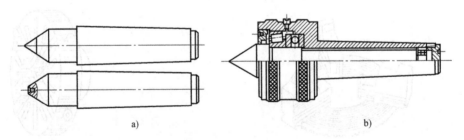

a)　　　　　　　　　　　　　　　b)

图 4-12　顶尖

a）固定顶尖　b）回转顶尖

顶尖装夹轴类工件的步骤如下：

1）用顶尖装夹工件前，应先车平工件两端面，并在工件两端面钻中心孔，常用的中心孔有 A 型与 B 型两种（图 4-13）。中心孔是轴类工件在顶尖上装夹的定位基准。

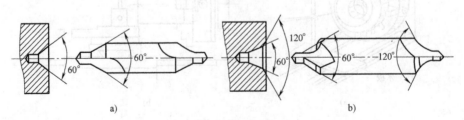

a)　　　　　　　　　　　　　b)

图 4-13　中心孔与中心钻

a）加工普通中心孔的 A 型中心钻　b）加工双锥面中心孔的 B 型中心钻

2）安装校正顶尖。前后顶尖的轴线应重合，否则会将轴车成圆锥；若不重合必须横向调节尾座，如图 4-14 所示。

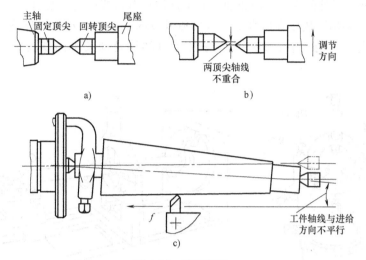

图 4-14　校正顶尖

a）顶尖轴线必须重合　b）横向调节尾座使顶法轴线重合　c）顶尖轴线不重合时车出圆锥

3）工件装夹。轴一端安装卡箍（图 4-15），另一端若用固定顶尖支承，则中心孔应涂上润滑脂。

精加工较重的轴类工件时，可用一夹一顶的装夹方式（图 4-16），来保证承受大的切削力。

顶尖装夹工件的步骤如图 4-17 所示。

图 4-15　安装卡箍　　　　　　图 4-16　一夹一顶的装夹方式

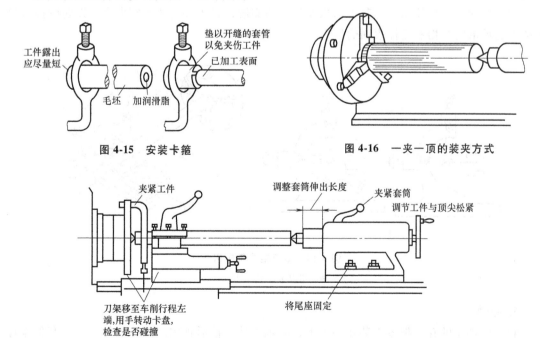

图 4-17　顶尖装夹工件的步骤

4. 中心架和跟刀架

在加工长工件（长径比 $L/D \geqslant 10$）时，应使用中心架或跟刀架作为辅助支承，以增加工件的刚性、减少工件的变形，防止加工时工件被车刀顶弯或引起振动。

中心架（图 4-18）固定在床身上，可单独调节的三个爪支承在工件预先加工好的外圆面上，起固定支承作用。中心架一般用于加工阶梯轴及细长轴的端面、中心孔及内孔的加工。

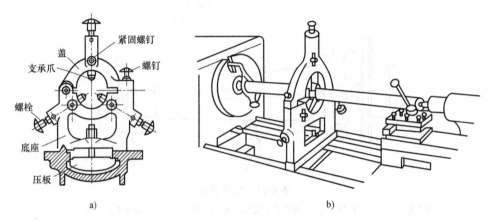

图 4-18　中心架及其应用

a）中心架　b）应用

跟刀架（图 4-19）固定在大拖板上，随其一起做纵向移动。使用时先在工件靠近活动顶尖处加工出一小段外圆，用以调整支承爪的位置和松紧，然后加工出工件全长。跟刀架一般用于加工细长光轴和长丝杠等工件。

中心架和跟刀架使用时，其支承爪要加机油润滑，且工件转速不宜太高，以防摩擦过热而造成支承爪的磨损和工件表面的烧损。

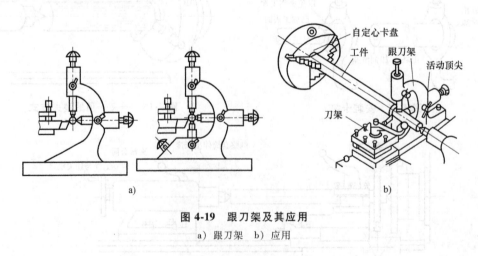

图 4-19　跟刀架及其应用

a）跟刀架　b）应用

5. 心轴

利用已加工的孔，把零件装在心轴上，心轴安装在前后顶尖之间，以加工盘、套类零件的外圆和端面。这样有利于保证内外圆的同轴度和两端面与内外圆的垂直度。心轴的种类很多，常用的有锥度心轴、圆柱心轴和可胀心轴等。

当工件长度大于孔径时，常用锥度 1∶1000～1∶5000 的锥度心轴（图 4-20）。工件压入后靠摩擦力与心轴夹紧。锥度心轴装卸方便、对中准确，但不能承受较大的切削力和加工大直径的外圆，一般用于精加工盘、套类零件。

当工件长度小于孔径时，常用圆柱心轴（图 4-21）。工件左端紧靠心轴轴肩，右端用螺母及垫圈压紧。圆柱心轴夹紧力大，可一次装夹多个盘形零件，但对中性差，且对工件的两个端面与孔的垂直度要求高。

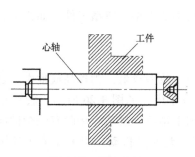

图 4-20　锥度心轴

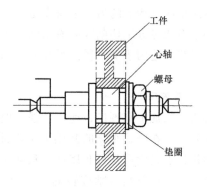

图 4-21　圆柱心轴

可胀心轴（图 4-22）是利用锥面的轴向移动使弹性心轴胀开而夹紧工件的。它既定心又夹紧，装夹效率高，夹紧力比锥度心轴大，但对中性比锥度心轴低。

6. 花盘

在车床上加工大而形状不规则的零件，可用花盘装夹，如图 4-23 所示。采用花盘装夹镗孔和车端面时，有利于保证定位平面与加工面的垂直度和平行度。

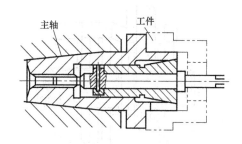

图 4-22　可胀心轴

有些复杂的零件装夹在角铁上，再将角铁压在花盘上，如图 4-24 所示的轴承座的装夹方式。

用花盘装夹工件，找正比较费时，还应安装平衡铁来减小转动时产生的振动。

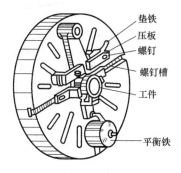

图 4-23　花盘

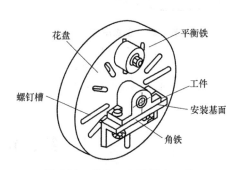

图 4-24　花盘、角铁装夹工件

五、其他车床

1. 立式车床

立式车床的结构如图 4-25 所示，分单柱式和双柱式两种。立式车床结构的主要特点是主轴竖直布置，直径很大的圆工作台水平布置，工件的安装找正都比较方便。此外，由于工件及工作台的重力由床身导轨推力轴承承担，减小了主轴负载，因而能长期保证车床的加工精度。

立式车床结构上的另一个特点是不但在立柱上装有侧刀架，而且在横梁上还装有垂直刀架，两个刀架可分别切削或同时切削，工作效率高。

立式车床适用于加工径向尺寸大、轴向尺寸相对较小的大型、重型工件，如机架、盘等工件。

2. 转塔车床

卧式车床加工范围广，适应性强，但在专业化生产中效率较低。为提高成批生产过程中的工作效率，在卧式车床的基础上又设计制造出了转塔车床，如图 4-26 所示。转塔车床的最大结构特点是没有丝杠和尾座，只能靠丝锥、板牙加工螺纹。转塔车床除有一个横向刀架外，还有一个可绕竖直轴旋转的转塔刀架，转塔刀架只能纵向移动，用来完成车外圆、钻孔、扩孔、铰孔和攻螺纹、套螺纹等加工。

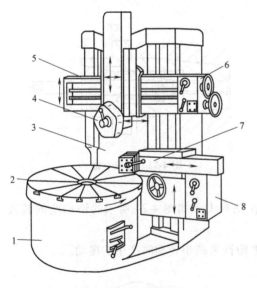

图 4-25　立式车床

1—底座　2—圆工作台　3—立柱　4—垂直刀架
5—横梁　6—垂直刀架进给箱
7—侧刀架　8—侧刀架进给箱

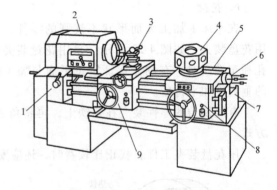

图 4-26　转塔车床

1—进给箱　2—主轴箱　3—方刀架　4—转塔刀架
5—纵向溜板　6—定程装置　7—床身
8—转塔刀架溜板箱　9—方刀架溜板箱

第三节　车　刀

车刀是切削加工中最基本的切削刀具，其他种类的刀具就其切削部分而言，均可看成是车刀的演变。

车刀的种类很多，按用途可分为外圆车刀、端面车刀、内孔车刀和螺纹车刀等，如图 4-27 所示。45°弯头车刀如图 4-27a 所示，用于车削工件的外圆、端面和倒角。90°车刀（偏刀）如图 4-27b 所示，用于车外圆、台阶面和端面。切断刀如图 4-27c 所示，用于切断工件或在工件上切槽。内孔车刀如图 4-27d 所示，用于车削工件的内孔。成形车刀如图 4-27e 所示，用于车圆弧面或成形面。螺纹车刀如图 4-27f 所示，用于车外螺纹。

车刀的合理选用可以保证加工质量、提高生产率、降低生产成本和延长刀具寿命。

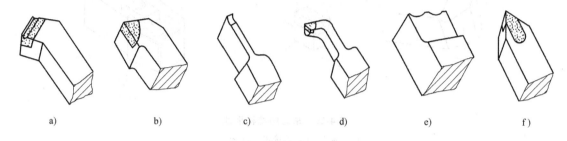

a)　　　　　　b)　　　　　　c)　　　　　　d)　　　　　　e)　　　　　　f)

图 4-27　车刀的种类

一、车刀的组成和结构

车刀是由刀头（切削部分）和刀体（夹持部分）组成的（图 4-28）。刀头用于切削加工，由刀具材料制造。刀体用于装夹在机床上，由碳素钢制造。

车刀的切削部分是由三面（前面、主后面、副后面）、两刃（主切削刃、副切削刃）和一尖（刀尖）组成的。具体如下：

（1）前面　刀具上切屑流过的面。

（2）主后面　刀具上与工件加工面相对的表面。

（3）副后面　刀具上与工件已加工面相对的表面。

（4）主切削刃　刀具上前面和主后面的交线，担负主要的切削加工。

（5）副切削刃　刀具上前面和副后面的交线，担负部分切削加工。

（6）刀尖　主切削刃和副切削刃的交点，通常是一段圆弧或直线。

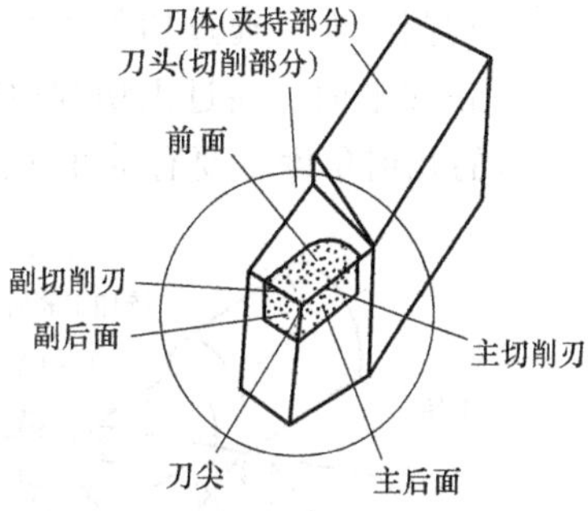

车刀的结构形式主要有整体式 、焊接式和机夹式三种（图 4-29）。

整体式车刀多用高速工具钢制造，刃口可磨得较锋利，多用于小型车床或加工有色金属。整体式车刀在制造和使用过程中，需要刃磨，以达到所需要的刀具角度，对使用者的刀具刃磨水平要求较高。

焊接式车刀是将一定形状的硬质合金刀片，用黄铜、纯铜或其他焊料，钎焊在普通结构钢刀杆上而形成的。由于其结构简单，抗振性能好，制造方便，使用灵活，所以用得非常广泛。

刀体(夹持部分)
刀头(切削部分)
前面
副切削刃
副后面
主切削刃
刀尖
主后面

图 4-28　车刀

机夹式车刀是将刀片用机械夹紧方式平装（刀片水平放置）或立装在车刀刀杆上。这种车刀可采用标准硬质合金刀片，通过螺钉、楔块夹持在刀杆上。刀片立装在刀体上，通过装夹获得所需后角，使用时只需刃磨前面。这样装夹的刀片受力较好，并可增加刃磨次数，提高刀片利用率。这种结构适于在半精车和粗车中使用。

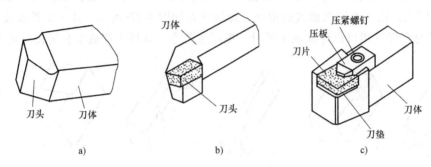

图 4-29　车刀的结构形式

a）整体式　b）焊接式　c）机夹式

二、车刀的几何角度

为了确定车刀切削刃及前、后面在空间的位置，即确定车刀的几何角度，必须要建立 3 个互相垂直的坐标平面（辅助平面）：基面、切削平面和正交平面，如图 4-30 所示。

（1）基面　通过切削刃选定点的平面，它平行或垂直于刀具在制造、刃磨及测量时适合于安装或定位的一个平面或轴线，一般来说其方位要垂直于假定的主运动方向。

（2）切削平面　通过切削刃选定点与切削刃相切并垂直于基面的平面。

（3）正交平面　通过主切削刃选定点并同时垂直于基面和切削平面的平面。

车刀的几何角度主要有前角 γ_o、后角 α_o、主偏角 κ_r、副偏角 κ_r' 和刃倾角 λ_s（图 4-31）。

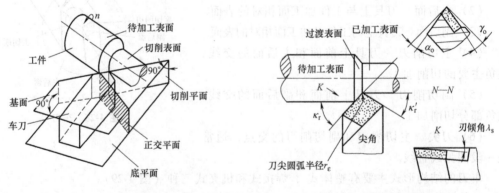

图 4-30　车刀的静止参考系　　　图 4-31　车刀的几何角度

（1）前角 γ_o　在正交平面内，测量基面和前面之间的夹角。其作用是使切削刃锋利，但过大的前角会削弱切削刃的强度。前角 γ_o 一般为 $-5° \sim 15°$，加工塑性材料时选较大值；加工脆性材料时选较小值。

（2）后角 α_o　在正交平面内，测量切削平面和主后面之间的夹角。其作用是减小工件和主后面的摩擦，但过大的后角也会削弱切削刃强度。因此后角一般为 6°～12°，精加工时选较大值，粗加工时选较小值。

（3）主偏角 κ_r 在基面内，测量主切削刃和进给运动方向的夹角。主偏角减小，切削刃强度增加，切削条件得到改善，但车削时背向力会增大。加工细长杆件时为避免工件的变形和振动，应选较大的主偏角。车刀常用的主偏角有 45°、60°、75°、90°等。

（4）副偏角 κ_r' 在基面内，测量副切削刃和进给运动相反方向的夹角。其作用是减小副切削刃和已加工表面之间的摩擦，以改善加工表面的表面粗糙度。一般副偏角 κ_r' 为 5°～15°。

（5）刃倾角 λ_s 在主切削面内，测量切削刃和基面之间的夹角。其作用是控制切屑的流向，并影响刀头强度。刃倾角 λ_s 一般为 -5°～5°。粗加工时选负值，精加工时选正或零值。

三、车刀的安装

车刀应正确地装夹在车床刀架上，这样才能保证刀具有合理的几何角度（图 4-32），从而提高车削的质量。

装夹车刀应注意下列事项：

1）车刀的刀尖应与车床主轴轴线等高。装夹时可根据尾座顶尖的高度来确定刀尖高度。

2）车刀刀杆应与车床轴线垂直，否则将改变主偏角和副偏角的大小。

3）车刀刀体悬伸长度一般不超过刀杆厚度的两倍，过长的悬伸长度会降低刀杆钢度，车削时容易产生振动。

4）垫刀片要平整，并与刀架对齐。垫刀片一般使用 2～3 片，太多会降低刀杆与刀架的接触刚度。

5）车刀装好后应检查在工件的加工极限位置时是否产生运动干涉或碰撞。

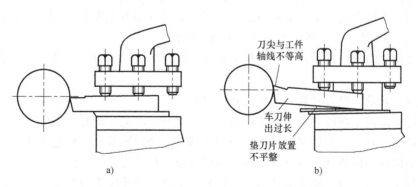

图 4-32 车刀的安装

a）正确 b）错误

四、车刀的刃磨

车刀通过刃磨（整体和焊接式车刀）才能保持合理的几何角度和良好的切削性能。车刀的刃磨是在砂轮上进行的，主要磨三个刀面和刀尖圆弧（图 4-33）。刃磨时应注意下列事项：

1）刃磨高速工具钢车刀或硬质合金车刀的刀体部分用氧化铝砂轮（白色）；刃磨硬质

合金刀头用碳化硅砂轮（绿色）。

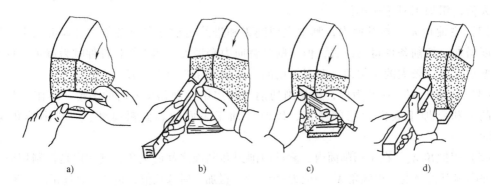

图 4-33　车刀的刃磨

a）磨前面　b）磨主后面　c）磨副后面　d）磨刀尖圆弧

2）刃磨时，人要站在砂轮的侧面，双手要拿稳车刀，用力要均匀，倾斜角度要合适；要在砂轮圆周表面中间部位磨，并左右移动。

3）磨高速工具钢车刀时，刀头发热，应放入水中冷却，以免刀具因温升过高而软化。

4）磨硬质合金车刀时，刀头发热，可将刀柄置于水中冷却；切忌将硬质合金刀头直接沾水，以免刀头因急冷而产生裂纹或极大的内应力。

5）车刀刃磨后，应加机油并在油石上细磨各刀面，以提高其使用寿命和加工质量。

第四节　车削安全生产规程

1）进入车间，穿好工作服、工作鞋，扎好袖口，戴好护眼镜；女生戴好工作帽，头发罩在工作帽内；不准穿拖鞋、凉鞋、高跟鞋；严禁戴手套操作。

2）实习学生应在指定车床上进行操作，不得随意开动其他车床；如果两人同开一台车床，只能其中一人操作，另外一人在安全区域做准备。

3）设备操作前，应检查开关、手柄是否在规定位置，润滑油路是否畅通，防护装置是否完好。

4）变速、测量、换刀和装夹工件时必须停机。

5）卡盘上的扳手在松开或夹紧工件后应立即取下，以免开机时飞出伤人。

6）机床运转时，严禁用手触摸机床的旋转部位。严禁隔着车床传递物件。

7）车削时的切削速度、背吃刀量和进给量都应选择适当，不得任意加大。

8）测量工件时，将变速手柄转到空档位置或将急停开关按下以防误操作而转动主轴。

9）切削时，手、头部和身体其他部位都不要与工件及刀具靠得太近；人站立位置应偏离切屑飞出方向；切屑应用钩子清除，不得用手拉。

10）转动刀架时要将床鞍或中滑板移到安全位置，防止刀具和卡盘、工件、尾座相碰。

11）操作中，发现机床有异常现象时应立即停机，并及时向指导教师汇报。

12）正确使用和爱护量具，经常保持量具清洁，用后及时擦净并放入盒内。禁止将工具、刀具和工件放在车床的导轨上。

13）车刀磨损后应及时刃磨，刃磨时应严格按照刀具刃磨安全操作规程。

14）毛坯、半成品和成品应分开堆放，并按次序整齐排列。

15）工作位置周围应经常保持清洁卫生。

16）按工具用途使用工具，不得随意替用，如不能用扳手代替锤子使用等。

17）工件和车刀必须装夹牢固，卡盘必须装有保险装置。

18）工件、毛坯等应放于适当位置，以免从高处落下伤人。

19）注意作业地点清洁卫生，交接班时要交接设备安全状况记录。

第五节　车削方法

根据加工工艺的要求，车削可分为粗车、半精车和精车。

粗车的目的是从工件上切去大部分的加工余量，使工件接近最后的形状和尺寸。粗车要给精车留有合适的余量，而精度和表面质量要求都不高。在生产中，加大背吃刀量 a_p 对提高生产率最有利，而对车刀寿命的影响又最小。因此，粗车时优先选用较大的背吃刀量 a_p；其次，适当加大进给量 f；最后，确定切削速度 v。切削速度 v 一般采用中等或中等偏低的数值。粗车的切削用量推荐如下：背吃刀量 $a_p = 2 \sim 4mm$；进给量 $f = 0.15 \sim 0.4mm/r$；切削速度 $v = 50 \sim 70m/min$（硬质合金车刀车削钢时），或者 $v = 40 \sim 60m/min$（硬质合金车刀车削铸铁时）。在粗车铸件时，由于工件表面有硬皮，如果背吃刀量 a_p 太小，刀尖容易被硬皮碰坏或磨损。因此，第一刀的背吃刀量应大于硬皮的厚度。

精车的目的是保证零件的尺寸精度和表面粗糙度要求，精车时应选较高的切削速度（$v = 100m/min$ 以上）或较低的切削速度（$v = 6m/min$）、较小的进给量（$f = 0.05 \sim 0.2mm/r$）和切削深度（高速精车：$a_p = 0.3 \sim 0.5mm$；低速光刀：$a_p = 0.05 \sim 0.1mm$），同时合理选用切削液。精车后尺寸精度可达 IT7 ~ IT8，表面粗糙度 Ra 值为 $1.6 \sim 3.2\mu m$（精车有色金属可达 $0.4 \sim 0.8\mu m$）。一般靠试切才能准确保证工件精车的尺寸精度。试切的方法与步骤如图 4-34 所示。

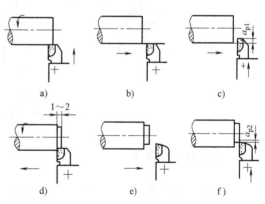

图 4-34　试切的方法与步骤

a）开车对刀　b）向右退出车刀　c）横向进给 a_{p1}

d）切削深度 1~2mm　e）退刀测量

f）未到尺寸，再横向进给 a_{p2}

车削时，正确使用横刀架和小刀架的刻度盘，才能迅速地控制加工尺寸。如横刀架移动的距离可根据刻度盘转过的格数计算，即刻度盘每转一格，横刀架移动的距离 = 丝杠螺距÷刻度盘格数。例如，C6136 车床横刀架丝杠螺距为 4mm，横刀架的刻度盘等分为 200 格，故刻度盘每转一格，车刀就进退 0.02mm，若切削深度为 0.3mm，则横刀架的刻度盘所需转过的格数就为 $n = 0.3 \div 0.02$ 格 = 15 格。正确进刻度的方法如图 4-35 所示。

一、车外圆

车外圆是最常见、最基本的车削方法。车外圆可用图 4-36 所示的几种车刀。其中，45°

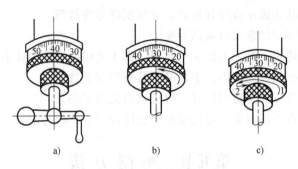

图 4-35 正确进刻度的方法

a）要求手柄转至 30，但摇过头成 40　b）错误：直接退至 30

c）正确：反转约一圈后，再转至所需位置 30

弯头刀能车外圆、端面和倒角，是一种多用途的车刀。但切削时背向力大，如果是车细长工件时，工件容易被顶弯并引起振动，所以常用来车削刚性好的工件。右偏刀能车外圆、端面和台阶，其背向力较小，不易引起工件的弯曲与振动，但因刀尖角较小，刀尖强度低，散热条件差，容易磨损。

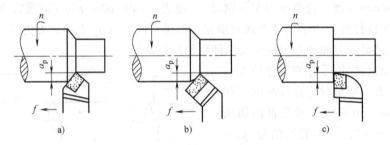

图 4-36 车外圆

a）尖刀车外圆　b）45°弯头刀车外圆　c）右偏刀车外圆

二、车端面和台阶

端面常作为轴类和盘套类零件在长度方向上尺寸测量、定位的基准。车端面的方法如图 4-37 所示。

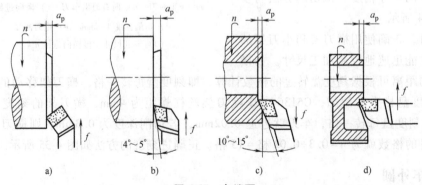

图 4-37 车端面

a）45°弯头刀车端面　b）右偏刀车端面（由外向中心）　c）右偏刀车端面（由中心向外）　d）左偏刀车端面

右偏刀适用于车削轴类工件和直径较小的端面。在一般情况下，右偏刀从外缘向中心进给车端面时，由于是副切削刃担负主要切削加工，故在切削力作用下，容易产生凹面。为克服这一缺点，可以从中心向外进给，同时也可以在原副切削刃处磨出断屑槽，以此作为主切削刃进行车削。左偏刀适用于车左台阶和端面。由于是主切削刃切削，故切削顺利，加工质量好。

车台阶实际上是车外圆和端面的组合加工。轴上台阶高度在 5mm 以下的小台阶可在车外圆时同时车出（图 4-38）。装夹刀具时用直角尺对刀，以保证车刀的主切削刃垂直于工件轴线。轴上台阶高度在 5mm 以上的大台阶可分层进行切削（图 4-39）。

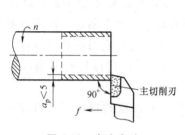

图 4-38 车小台阶

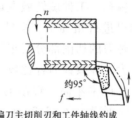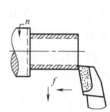

偏刀主切削刃和工件轴线约成 95°，分多次纵向进给
a)

在末次纵向进给后，横向退刀，车出 90° 台阶
b)

图 4-39 车大台阶

台阶长度可用钢直尺和内卡钳（图 4-40）或用深度卡尺测量（图 4-41）。

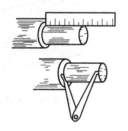

图 4-40 钢直尺和内卡钳确定台阶长度

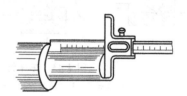

图 4-41 深度卡尺确定台阶长度

三、车床上孔的加工

车床上孔的加工是指回转体工件中间孔的加工。对非回转体上的孔可利用单动卡盘或花盘装夹在车床上加工，但更多的是在钻床和镗床上进行加工。

1. 钻孔、扩孔和铰孔

在车床上钻孔时，工件的回转运动为主运动，尾座上的套筒推动钻头所做的纵向移动为进给运动（图 4-42）。钻孔前应先车端面、用中心钻钻中心孔，以防钻头偏斜；钻孔时需加切削液，钻

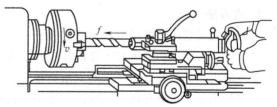

图 4-42 车床上钻孔

深孔时应经常退出，以利于排屑和冷却钻头。钻孔一般用于孔的粗加工，加工精度可达 IT11~IT12，表面粗糙度 Ra 值为 12.5~50μm。

扩孔是在钻孔的基础上对孔的进一步加工。在车床上扩孔的方法与车床钻孔相似，所不同的是用扩孔钻，而不是用钻头。扩孔的余量与孔径大小有关，一般为 0.5~2mm。扩孔的尺寸公差等级可达 IT9~IT10，表面粗糙度 Ra 值为 3.2~6.3μm，属于孔的半精加工。

铰孔是用铰刀做扩孔或半精镗孔后的精加工，其方法与在车床上钻孔相似。铰削余量为 0.1~0.2mm，尺寸公差等级一般为 IT7~IT8，表面粗糙度 Ra 值为 0.8~1.6μm。

钻孔、扩孔及铰孔是在车床上加工直径较小、精度较高、表面粗糙度值较小孔的主要方法。

2. 镗孔

镗孔是利用镗刀对工件上铸出、锻出或钻出的孔做进一步的加工。图 4-43 所示为车床上镗孔加工。在车床上镗孔，工件旋转做主运动，镗刀在刀架带动下做进给运动。镗孔主要用来加工大直径孔，可以进行粗加工、半精加工和精加工。镗孔可以修正原来孔的轴线偏斜，提高孔的位置度。镗刀的切削部分与车刀是一样的，形状简单，便于制造。但镗刀要进入孔内切削，尺寸不能大，导致镗刀杆比较细，刚性差，因此加工时背吃刀量和进给量都选得较小，进给次数多，生产率不高。镗削的通用性很强，应用广泛。精镗后孔的精度可达 IT7~IT8，表面粗糙度 Ra 值为 1.6~3.2μm。

镗孔深度的控制可采用在刀杆上做记号的方法（图 4-44）。孔深度的测量可以用游标卡尺或深度卡尺。

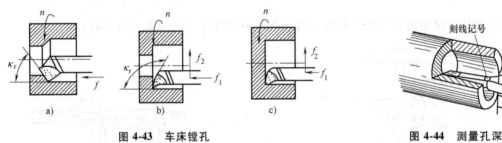

图 4-43　车床镗孔　　　　　　　　　　　　图 4-44　测量孔深
a）镗通孔　b）镗台阶孔　c）镗不通孔

四、车锥面

锥面可看成是内、外圆的一种特殊形式，具有配合紧密、拆卸方便、对中性好的特点，广泛应用于需经常拆卸的配合件上。车锥面的方法主要有宽刀法、刀架转位法、偏移尾座法和靠模法。

1. 宽刀法

宽刀法就是利用主切削刃横向直接车锥面，如图 4-45 所示。此时，切削刃的长度要略长于圆锥素线长度，切削刃与工件回转中心线成半锥角。这种加工方法方便、迅速，能加工任意角度的内、外圆锥。车床上的倒角实际就是宽刀法车锥面。此种方法加工的锥面很短，而且要求切削加工系统有较高的刚性，适用于批量生产。

2. 刀架转位法

车床中拖板上的转盘可以转动任意角度，松开上面的紧固螺钉，使小拖板转过半锥角 α，如图 4-46 所示，将螺钉拧紧后，转动小拖板手柄，沿斜向进给，便可以车锥面。这种方法操作简单方便，能保证一定的加工精度，能加工各种锥度的内、外锥面，应用广泛。但受小拖板行程的限制，不能车太长的锥面。而且，小拖板只能手动进给，锥面的表面粗糙度值大。刀架转位法在单件或小批量生产中用得较多。

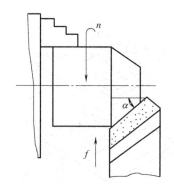

图4-45　宽刀法车锥面

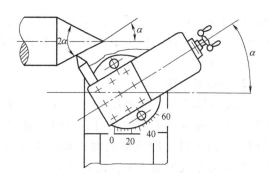

图4-46　刀架转位法车锥面

3. 偏移尾座法

偏移尾座法是指将尾座顶尖偏移距离 s，使工件回转轴线与主轴轴线成半锥角 α。利用车刀的纵向进给，加工出所需锥面（图4-47）。

尾座的偏移量为：$s = L\sin\alpha$ 或 $s = L\tan\alpha = L(D-d)/2l$（$\alpha$ 较小）。

该方法可自动进给，能车出较长的锥面，且加工质量好。但因受尾座偏移量的限制，只能加工半锥角 $\alpha < 8°$ 的锥面，且不能车锥孔。偏移尾座法适用于成批加工锥面。

4. 靠模法

靠模法是利用滑块沿固定在床身上的锥度靠模板内的移动来控制车刀的运动轨迹，从而加工出所需锥面（图4-48）。该方法适用于批量加工精度要求高、$\alpha < 12°$ 的长锥面和锥孔。

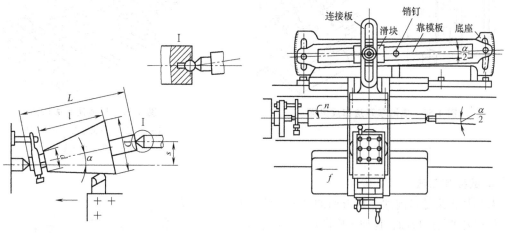

图4-47　偏移尾座法车锥面　　　　　　图4-48　靠模法车锥面

五、车成形面

车床上可以车削各种以曲线为母线旋转而形成的回转体成形面。车成形面的方法主要有双向手动法、成形车刀法、靠模法和数控加工法。

1. 双向手动法

双向手动法是指用双手同时摇动中拖板和小拖板的手柄，使刀尖的运动轨迹与所需成形面的母线相符，加工出所需的成形面（图 4-49）。该方法简单易行，但对操作技能要求高，且生产率低，故适用于加工单件或小批量、精度要求不高的成形面。

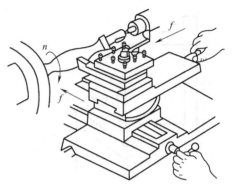

2. 成形车刀法

切削刃形状与工件表面形状一致的车刀称为成形车刀。用成形车刀切削时，只要做横向进给就可以车出工件上的成形表面，如图 4-50 所示。用成形车刀车成形面，工件的形状精度取决于刀具的精度，加工效率高，但由于刀具切削刃长，加工时的切削力大，加工系统容易产生变形和振

图 4-49　双向手动法车成形面

动，要求机床有较高的刚度和切削功率。成形车刀制造成本高，且不容易刃磨。因此，成形车刀法适用于成批、大量生产。

3. 靠模法

靠模法车成形面如图 4-51 所示。该方法加工质量好、生产率高，但靠模的制造成本高，故适用于大批量加工成形面。

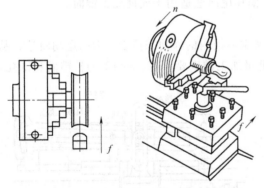

图 4-50　成形车刀法车成形面

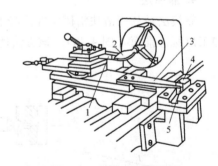

图 4-51　靠模法车成形面

1—车刀　2—成形面　3—拉杆
4—靠模　5—滚柱

4. 数控加工法

数控加工法是目前加工成形面的主要方法，可加工任意要求的成形面，且加工质量好、生产率高。

六、切槽和切断

回转体表面常有退刀槽、砂轮越程槽等沟槽，车出这些沟槽的方法称为车槽。切断是在车床上将坯料或工件从夹持端分离出来的车削方法。

切槽使用切槽刀（图 4-52）。切 5mm 以下的

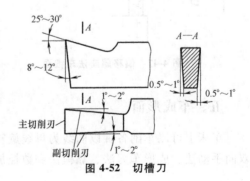

图 4-52　切槽刀

窄槽时，可用主切削刃与槽宽相等的切槽刀一次切出；切宽槽时需分几次横向进给（图 4-53）。最后一次精车的顺序如图 4-53c 所示。

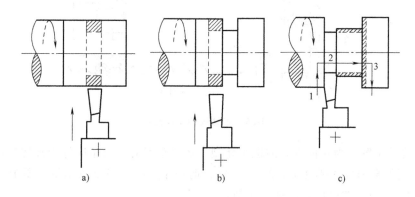

图 4-53　切宽槽

a）第一次横向进给　b）第二次横向进给　c）末次横向进给后，再以纵向进给精车槽底切宽槽

切断所用的切断刀与切槽刀极为相似，只是刀头更加窄长，刚性更差。由于刀具要切至工件中心，呈半封闭切削，排屑困难，容易将刀具折断。因此，装夹工件时应尽量将切断处靠近卡盘，以增加工件刚性。如图 4-54 所示。用手动进给时一定要均匀，即将切断时，需放慢进给速度，以免刀头折断。

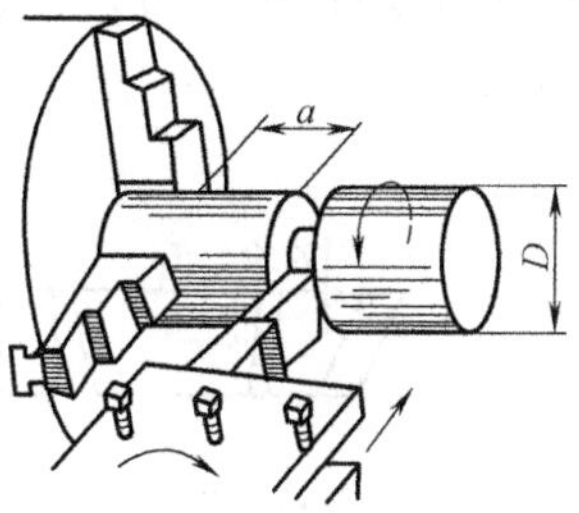

图 4-54　切断

七、车螺纹

螺纹的种类很多，按制别分为米制螺纹和寸制螺纹；按牙型分为普通螺纹、梯形螺纹、矩形螺纹等（图 4-55）。其中单线、右旋、米制螺纹应用最广泛。

螺纹的加工方法很多，主要有车削、铣削、攻螺纹和套螺纹、搓螺纹与滚螺纹、磨削及研磨等，但车螺纹最常见。

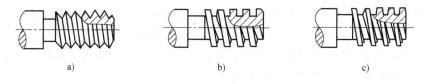

图 4-55　螺纹的类型

a）普通螺纹　b）矩形螺纹　c）梯形螺纹

车螺纹时，必须保证螺纹的中径、牙型角和螺距。为获得准确的螺距，必须由丝杠带动刀架进给，使工件每转动一周，刀具移动的距离等于螺纹的导程（单线螺纹导程为螺距）。车螺纹的传动路线（由主轴至丝杠）如图 4-56 所示。改变进给箱手柄的位置或更换交换齿轮，就可改变丝杠的转速，从而车出不同螺距的螺纹。

车螺纹使用螺纹车刀，一般用高速工具钢或硬质合金制造，可加工各种形状、尺寸精度的内外螺纹，特别适合加工大尺寸螺纹。螺纹牙型的精度取决于螺纹车刀刃磨后的形状及其

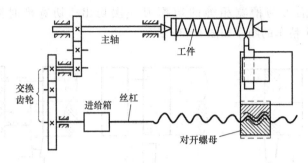

图 4-56　车螺纹的传动路线

在车床上安装的位置。为获得准确的螺纹牙型，螺纹车刀的刀尖角应等于被切螺纹的牙型角（图 4-57）。例如米制普通螺纹车刀的 $\varepsilon_r = 60°$，前角 $\gamma_o = 0°$。粗车或车精度要求不高的螺纹时，车刀可有 $5° \sim 15°$ 的前角，以利于切削。

安装车刀时，车刀的刀尖必须对准工件的中心，同时必须用螺纹样板对刀，如图 4-58 所示。否则，螺纹会出现牙型偏差和倒牙等误差。在加工螺纹过程中，若因刀具损坏，要修磨或更换刀具，使刀具经过二次装夹，这时工件螺纹与车刀的相对位置发生变动，故必须重新用样板对刀，并且利用小滑板使车刀刀尖准确落在后来的螺纹槽内，才能继续加工。

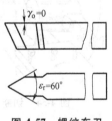

图 4-57　螺纹车刀

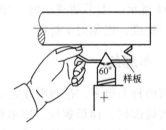

图 4-58　样板对刀

车螺纹时，根据螺距，查找车床铭牌，选定进给箱手柄位置或更换齿轮，脱开光杠，啮合丝杠，并选较低的主轴转速，以使切削顺利并有足够的退刀时间。为使刀具移动平稳、均匀，还需调整横溜板导轨间隙和小刀架丝杠与螺母的间隙。工件必须装夹牢固。

车螺纹的方法如图 4-59 所示。螺纹可用螺纹环规或螺纹塞规检验（图 4-60）。为避免乱牙，车螺纹应始终保持主轴至刀架的传动系统不变、车刀在刀架上的位置保持不变、工件与主轴的相对位置保持不变，否则需重新对刀。

八、滚花

各种工具和机件的手握部分，为便于握持和增加美观，常常在表面上滚出各种不同的花纹，如百分表套管、丝杠扳手及螺纹量规等。这些花纹一般是在车床上用滚花刀滚压而成的，如图 4-61 所示。

滚花花纹有直纹和网纹两种，滚花刀也分直纹滚花刀和网纹滚花刀。滚花属于挤压加工，因此其背向力很大，在加工时主轴转速要低些，还需要提供充足的切削液，以免损坏滚花刀和防止滚花产生的细屑堵塞滚花刀纹路而产生乱纹。

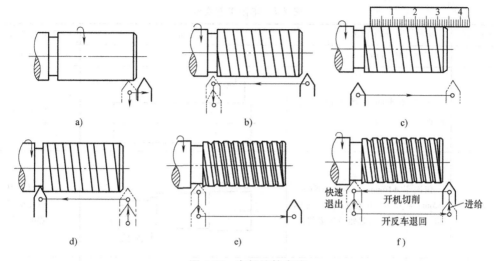

图 4-59　车螺纹的方法

a）开机，使车刀与工件轻微接触，记下刻度盘读数，向右退出车刀　b）合上对开螺母，在工件表面上车出一条螺旋线，横向退刀，停机　c）开反车使车刀退到工件右端，停机，用钢直尺检查螺距是否正确　d）利用刻度调整 a_p 开机切削　e）车刀将至行程终了时，应做好退刀停机准备，先快速退出车刀，然后停机，开反车退回刀架　f）再次横向进给，继续切削

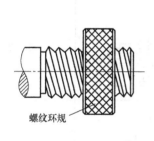

图 4-60　螺纹检验

图 4-61　滚花

九、零件车削工艺实例

下面以图 4-62 所示的滚花销钉为例介绍车削工艺过程，见表 4-1。

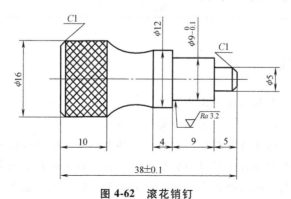

图 4-62　滚花销钉

表 4-1　车削工艺实例

加工顺序	加工内容	加工简图	使用工具、刀具
1	下料：圆钢 ϕ18mm×63mm		锯床
2	夹紧 ϕ18mm 毛坯外圆，车右端面		端面车刀
3	依次车 ϕ16mm、ϕ12mm、ϕ9mm、ϕ5mm 至尺寸，并在右端面处倒角，最后在圆弧的起始位置划线		外圆车刀 圆弧车刀 游标卡尺
4	从划线位置开始加工圆弧		圆弧车刀
5	滚花网纹		滚花刀
6	切断长 39mm，然后反向装夹，车端面至长度为 38mm，并加工倒角		切断刀 端面车刀 外圆车刀 游标卡尺
7	检验	按图样要求检验	游标卡尺

 # 复习思考题

1. 车削的运动特点和加工特点是什么？

2. 车床主要由哪几部分组成？各部分有何作用？

3. 车床上安装工件的方法有哪些？各用于哪些类型和要求的零件？

4. 为什么车削轴类零件时常用双顶尖装夹？工件上的中心孔如何加工？

5. 转塔车床、立式车床与卧式车床相比，其结构有何不同？主要用于什么场合？

6. 车刀的主要几何角度有哪些？它们对刀具切削性能的影响是什么？

7. 如何正确安装车刀？

8. 粗车和精车的加工要求是什么？切削用量的选择有何不同？

9. 试切的目的是什么？结合实际操作说明试切步骤。

10. 为什么车削时一般先要车端面？为什么钻孔前也要先车端面？

11. 在车床上加工锥面的方法有哪几种？其特点是什么？

12. 车成形面有哪几种方法？单件或小批量生产常用哪种方法？

13. 切断刀与切槽刀的形状有何异同？

14. 试述车螺纹的操作步骤。怎样防止乱牙？

15. 滚花时的切削速度为什么要低些？

第五章 铣 削

第一节 概 述

铣削是在铣床上利用铣刀的旋转运动（即主运动）和工件的直线移动来完成对零件加工的一种切削加工方法，是一种高效率的加工方法。

铣削时，铣刀的高速旋转运动为主运动，工件的低速移动为进给运动。铣削用量由铣削速度 v_c（m/s）、进给量 f、f_s 或 v_f（mm/r、mm/z 或 mm/min）、铣削深度 a_p（mm）和铣削宽度 a_e（mm）四个要素组成，如图 5-1 所示。铣削速度是指铣刀最大直径处的线速度；进给量是指工件在进给方向上相对铣刀的位移量，因铣刀属多刃刀具，在计算时有每转进给量、每齿进给量和进给速度三种度量方法；铣削深度是指垂直于已加工表面测量出的被切削层尺寸；铣削宽度是指垂直于进给方向测量出的已加工表面的宽度。

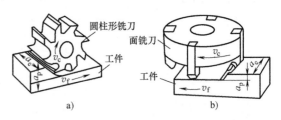

图 5-1 铣削及铣削用量

铣削的范围较广，可加工平面（水平面、垂直面、斜面）、台阶面、沟槽（直槽、T 形槽、V 形槽、燕尾槽）和成形面（齿轮、螺旋槽、凸轮等）等（图 5-2），是平面加工的主要方法。其加工精度可达 IT8~IT9，表面粗糙度 Ra 值为 1.6~6.3μm。

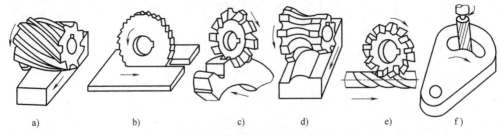

图 5-2 铣削的主要加工范围

a）铣平面 b）切断 c）铣齿轮 d）铣成形面 e）铣螺旋槽 f）铣圆弧槽

第二节 铣 床

铣床在现代机械制造中，约占金属切削机床总数的 25%。铣床的种类和规格很多，主要有卧式铣床、立式铣床、龙门铣床、工具铣床和数控铣床等。其中万能升降台铣床应用最广。

一、铣床的型号

铣床型号的具体含义如下：

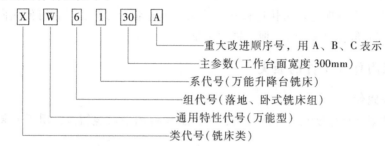

X W 6 1 30 A

重大改进顺序号，用 A、B、C 表示
主参数(工作台面宽度 300mm)
系代号(万能升降台铣床)
组代号(落地、卧式铣床组)
通用特性代号(万能型)
类代号(铣床类)

二、铣床的组成

万能升降台铣床的主要组成如图 5-3 所示。

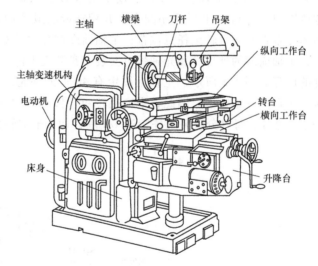

图 5-3 万能升降台铣床

1. 床身

床身用来支承和固定铣床的所有部件。床身呈箱形，内部装有主轴、变速机构、润滑及传动系统，前壁有燕尾形垂直导轨，供升降台上下移动；顶部有水平导轨，供横梁前后移动。

2. 横梁

横梁用来支承刀杆、增加刀杆刚度。横梁伸出的长度可根据刀杆的长度调整。

3. 主轴

主轴是空心的，前端有锥孔，用来安装刀杆或刀具，并带动铣刀旋转。

4. 升降台

升降台可使整个工作台沿床身垂直导轨上下移动，用以调整工作台面到铣刀的距离，并做垂直进给。

5. 工作台

工作台用来安装工件和夹具，由纵向工作台、横向工作台和转台组成。

万能升降台铣床的传动方式与车床基本相似，不同的是主轴转动和工作台移动的传动系统是分开的，分别由单独的电动机驱动。此外，铣床的操纵系统较为完善，采用单手柄操纵机构，工作台在三个方向上均可快速移动，使工件迅速靠近刀具，转台可使纵向工作台在水平面内扳转一定的角度（±45°），便于铣螺旋槽。

三、铣床附件及工件的装夹

（一）铣床附件

铣床的主要附件有分度头、万能铣头、回转工作台和平口虎钳等，用于安装工件和完成铣削。

1. 分度头

分度头是用来进行分度的装置，能对工件在圆周、水平、垂直和倾斜方向上进行等分和不等分。它主要由底座、转动体、主轴、分度盘、扇形夹及顶尖组成（图 5-4）。工作时，底座上的两个导向定位键与工作台的 T 形槽相配合，并用螺栓将其紧固在工作台上；主轴装在转动体内随转动体在垂直平面可转至任意位置；主轴前端锥孔内可安装顶尖，用来与尾座顶尖一起支承工件；主轴前端的外螺纹和光轴颈可安装卡盘装夹工件。

分度头等分工件的原理如图 5-5 所示。主轴上固定有 40 齿的蜗轮，与蜗轮相啮合的是单头蜗杆，它与手柄固定在同一根轴上。因此，手柄旋转 40 周，主轴才带动工件转 1 周。

如果要把工件分成 z 等分，每等分就要工件转过 1/z 周，而手柄的转数 n 为

$$n = 40 \times \frac{1}{z} = \frac{40}{z}$$

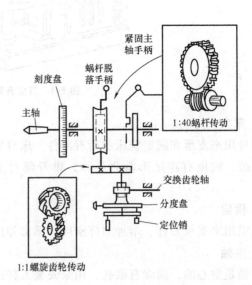

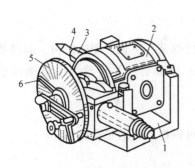

图 5-4　分度头

1—底座　2—转动体　3—主轴
4—顶尖　5—分度盘　6—扇形夹

图 5-5　分度头等分工件的原理

分度手柄的转数是借助分度盘来确定的，分度盘正、反两面上有许多孔数不同的等分孔圈。例如国产 FW250 型分度头备有两块分度盘，其各圈孔数如下：

第一块正面：24、25、28、30、34、37。反面：38、39、41、42、43。

第二块正面：46、47、49、51、53、54。反面：57、58、59、62、66。

例：铣齿数为 30 的齿轮，分度手柄的转数 n 为

$$n = \frac{40}{z} = \frac{40}{30} = 1\frac{10}{30}$$

将手柄中的定位销插入带有孔数为 3 的倍数（如 30）的分度盘圆周上，当手柄转过 1 周后再在 30 个孔中过 10 个孔的间距，即可得所需等分。

为确保手柄转过的孔距数可靠，可使分度盘上的扇形夹的夹角等于所需的孔距数，这样分度就可以准确无误了。

2. 万能铣头

万能铣头可以扩大万能升降台铣床的加工范围，使其既能完成卧式铣床的工作，也能完成立式升降台铣床的工作。作为立式铣床，使用时卸下万能升降台铣床横梁、刀杆，装上万能铣头，根据加工需要其主轴在空间可以转成任意方向。万能铣头如图 5-6 所示。

3. 回转工作台

利用回转工作台（图 5-7）可以方便地铣削圆弧表面、圆弧槽以及需要分度的工件。

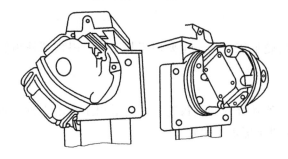

图 5-6　万能铣头

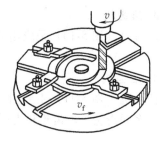

图 5-7　回转工作台

（二）工件装夹

铣床上常用的工件装夹方法有平口虎钳装夹、压板螺栓装夹和分度头装夹。当零件的生产批量较大时，为保证加工质量、提高生产率，常用各种专用夹具或组合夹具装夹工件。

四、其他铣床

1. 立式升降台铣床

立式升降台铣床（图 5-8）与万能升降台铣床的主要区别是主轴与工作台面垂直，为适应铣削斜面的需要，有时还可将主轴相对于工作台面偏转一定的角度。

立式升降台铣床具有刚性好、操作简便，且便于装夹硬质合金面铣刀进行高速铣削的特点，故应用很广。

2. 龙门铣床

龙门铣床（图 5-9）有单轴、双轴等多种形式，可以同时用多个铣刀对工件的多个表面进行加工，故生产率高，主要用于加工批量较大的大型工件或重型工件。

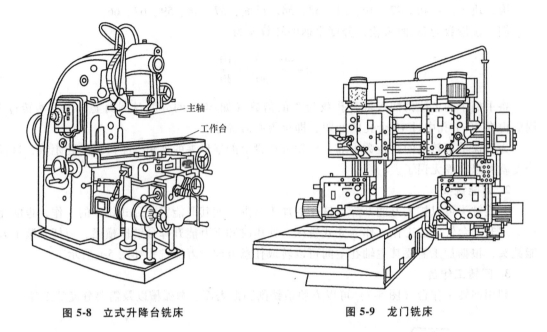

图 5-8　立式升降台铣床　　　　　　　图 5-9　龙门铣床

3. 滚齿机

滚齿机（图 5-10）是应用最广泛的齿轮加工机床，主要用于加工直、斜齿圆柱齿轮和蜗轮。

4. 插齿机

插齿机（图 5-11）主要用于加工内、外啮合的圆柱齿轮，尤其适用于在滚齿机上不能加工的多联齿轮、内齿轮和齿条，但插齿机不能加工蜗轮。

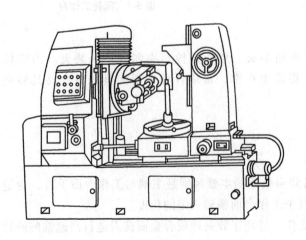

图 5-10　滚齿机

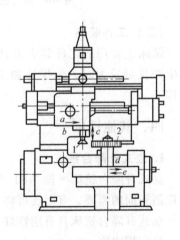

图 5-11　插齿机

第三节 铣 刀

铣刀是一种多刃刀具，刀齿分布在圆柱面或端面上。常用铣刀的刀齿材料主要有高速工具钢和硬质合金两种。

一、铣刀的种类及用途

根据安装方法的不同，铣刀分为带孔铣刀和带柄铣刀两大类（图 5-12）。带孔铣刀多用于万能升降台铣床上；带柄铣刀多用于立式升降台铣床上。

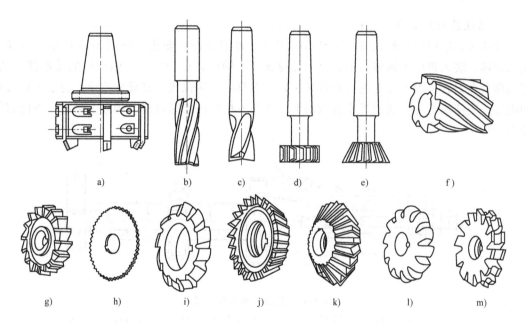

图 5-12 铣刀的种类

a）硬质合金镶齿铣刀　b）立铣刀　c）键槽铣刀　d）T形槽铣刀　e）燕尾槽铣刀　f）圆柱形铣刀
g）三面刃铣刀　h）锯片铣刀　i）模数铣刀　j）单角铣刀　k）双角铣刀　l）凸半圆铣刀　m）凹半圆铣刀

1. 带孔铣刀

（1）圆柱形铣刀　圆柱形铣刀主要用于铣削平面。为使切削平稳，通常圆柱形铣刀做成螺旋齿，如图 5-12f 所示。

（2）三面刃铣刀　三面刃铣刀主要用于加工不同宽度的直角沟槽及小平面、台阶面等，如图 5-12g 所示。

（3）锯片铣刀　锯片铣刀用于切断和加工一些较窄的沟槽，如图 5-12h 所示。

（4）模数铣刀　模数铣刀用于铣削齿形和齿槽，如图 5-12i 所示。

（5）角度铣刀　角度铣刀用于加工各种角度的沟槽及斜面等，有单角和双角之分，如图 5-12j、k 所示。

（6）成形铣刀　成形铣刀用于加工与切削刃形状相对应的成形面，如图 5-12l、m 所示。

2. 带柄铣刀

（1）立铣刀　立铣刀用于加工沟槽、小平面和台阶面等，有时也可用于钻孔。其用在立式升降台铣床上，有直柄和锥柄两种，如图 5-12b 所示。

（2）键槽铣刀　键槽铣刀专门用于加工封闭式键槽，如图 5-12c 所示。

（3）T 形槽、燕尾槽铣刀　T 形槽、燕尾槽铣刀专门用于加工 T 形槽和燕尾槽，如图 5-12d、e 所示。

（4）镶齿铣刀　镶齿铣刀主要用于高速铣削平面，一般在钢材制造的刀盘上镶有多片硬质合金刀齿，如图 5-12a 所示。

二、铣刀的安装

1. 带孔铣刀的安装

带孔铣刀中的圆柱形铣刀、圆盘形铣刀，多采用长刀杆安装，如图 5-13 所示。刀杆一端为锥体，装入机床主轴锥孔中，由拉杆拉紧。主轴旋转运动通过主轴前端的端面键带动，刀具则套在刀杆上由刀杆上的键来带动旋转。刀具的轴向位置由套筒来定位。为了提高刀杆的刚度，应使铣刀尽可能靠近主轴或吊架。拧紧刀杆的压紧螺母时，须先上吊架，以防刀杆受力变形。

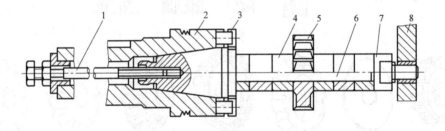

图 5-13　圆盘形铣刀的安装

1—拉杆　2—主轴　3—端面键　4—套筒　5—铣刀　6—刀杆　7—压紧螺母　8—吊架

带孔铣刀中的面铣刀，多采用短刀杆安装（图 5-14）。

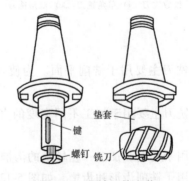

图 5-14　面铣刀的安装

2. 带柄铣刀的安装

直柄铣刀一般直径不大，可直接安装在主轴锥孔内的弹簧夹头中，如图 5-15a 所示。锥柄铣刀安装时要选用过渡锥套，再用拉杆将铣刀及过渡锥套一起拉紧在主轴端部的锥孔内，如图 5-15b 所示。当铣刀锥柄尺寸和锥度与铣床主轴锥孔相符时，就可直接安装，用拉杆拉紧，如图 5-15c 所示。

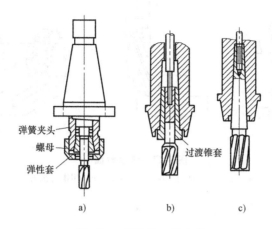

图 5-15　带柄铣刀的安装

第四节　铣 削 方 法

铣床可以加工各种平面（水平面、垂直面、斜面）、沟槽（键槽、直槽、角度槽、V 形槽、圆形槽、T 形槽、燕尾槽、螺旋槽等）和齿轮等成形面，还可以进行切断和孔加工。

一、铣平面

铣削较大的平面多采用镶硬质合金刀片的面铣刀在立式升降台铣床或万能升降台铣床上进行（图 5-16），生产率高，加工表面质量好。

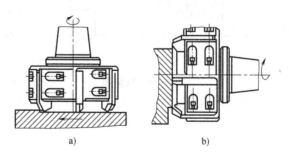

图 5-16　铣平面

a）立铣　b）卧铣

铣削较小的平面多采用螺旋齿的圆柱形铣刀在万能升降台铣床上进行，切削过程平稳，加工表面质量好。

二、铣台阶面

铣台阶面多采用三面刃铣刀（图 5-17a），或大直径的立铣刀（图 5-17b），在立式升降台铣床上进行。成批生产中，一般用组合铣刀在万能升降台铣床上同时铣削多个台阶面，如图 5-17c 所示。

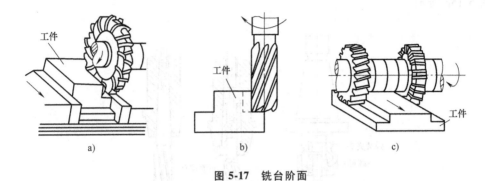

图 5-17　铣台阶面
a）用三面刃铣刀　b）用立铣刀　c）用组合铣刀

三、铣斜面

铣斜面采用的方法如图 5-18 所示。

使用斜垫铁铣斜面的方法适用于大批量的平面加工。改变斜垫铁的角度，就可以加工不同的斜面。利用分度头铣斜面的方法适用于在一些圆柱形或特殊形状的零件上加工斜面。利用角度铣头铣斜面的方法适用于在立式升降台铣床或万能升降台铣床上加工较小的斜面。旋转万能铣头铣斜面也是常用的加工方法。

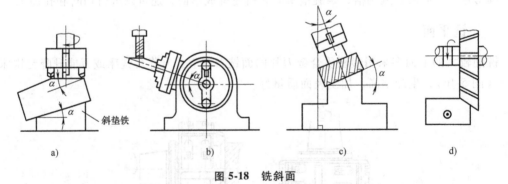

图 5-18　铣斜面
a）用斜垫铁铣斜面　b）用分度头铣斜面　c）用万能铣头铣斜面　d）用角度铣头铣斜面

四、铣沟槽

铣床能加工沟槽的种类很多，根据沟槽的形状，选用相应的沟槽铣刀来完成加工。

1. 铣键槽

铣开口式键槽，一般采用三面刃铣刀在万能升降台铣床上进行（图 5-19）。

单件铣封闭式键槽，一般在立式升降台铣床上进行。当批量较大时，常在键槽铣床上加工。用键槽铣刀铣键槽时，应在纵向行程终了时，进行垂直进给，然后反向走刀，如此反复多次直到完成进给；用立铣刀铣键槽，需预先在槽的一端钻一个落刀孔，才能进行进给，如图 5-20 所示。

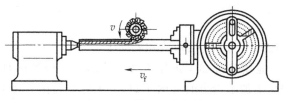

图 5-19　铣开口式键槽

2. 铣 T 形槽和燕尾槽

铣 T 形槽和燕尾槽之前，应先铣出宽度合适的直槽，然后用相应的 T 形槽铣刀或燕尾槽铣刀铣削，如图 5-21 所示。

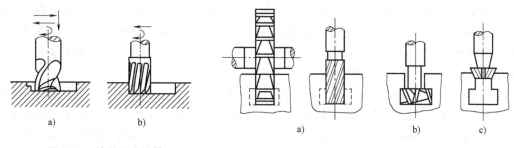

图 5-20　铣封闭式键槽

a）键槽铣刀　b）立铣刀

图 5-21　铣 T 形槽

a）铣直角槽　b）铣 T 形槽　c）倒角

3. 铣螺旋槽

铣螺旋槽常在万能升降台铣床上利用分度头来进行（图 5-22）。铣削时，工件随工作台做纵向运动，同时又被分度头带动做旋转运动。通过工作台的纵向丝杠与分度头之间的交换齿轮搭配来保证工件转动一周，工作台纵向移动的距离等于工件螺旋槽的一个导程。

用成形铣刀在万能升降台铣床上铣螺旋槽时，应将工作台旋转一个工件的螺旋角，以保证螺旋槽的法向截面形状和成形铣刀的端面形状一致。加工左螺旋槽时，工作台应顺时针转；加工右螺旋槽时，工作台应逆时针转。

五、铣成形面

铣成形面多采用成形铣刀在万能升降台铣床上进行，如图 5-23 所示。成形铣刀在铣削中应用较广，生产率高，适用于成批加工尺寸较小的成形面。

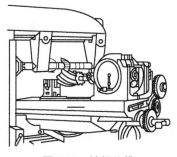

图 5-22　铣螺旋槽

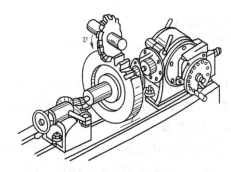

图 5-23　铣成形面

六、齿形的加工

齿形加工按加工原理的不同分为成形法和展成法。

铣齿轮属于成形法，是用与被加工齿轮齿廓相符的一定模数的盘状或指状铣刀（模数铣刀）在万能升降台铣床上加工齿形的（图 5-23）。工件安装在分度头和回转顶尖之间，铣完一个齿廓后，刀具退出分度，再继续铣下一个齿廓。盘状铣刀适用于加工模数 $m \leqslant 10\text{mm}$ 的齿轮，指状铣刀适用于加工模数 $m \geqslant 10\text{mm}$ 的齿轮。铣齿可加工直齿、斜齿圆柱齿轮及锥齿轮和齿条，具有成本低、加工精度低的特点，适用于单件或小批量加工精度不高的低速齿轮齿形。

滚齿和插齿均属于展成法加工齿轮。

滚齿是用齿轮滚刀在滚齿机上加工齿轮齿形的，其加工原理相当于一对螺旋齿轮的啮合，如图 5-24 所示。与铣齿相比，滚齿加工精度高、生产率高，精度可达 IT7～IT8 级，齿面表面粗糙度 Ra 值为 $3.2～6.3\mu\text{m}$。滚齿可加工外啮合的直齿、斜齿圆柱齿轮及蜗轮，但不能加工内齿轮和相距太近的多联齿轮。

插齿是用插齿刀在插齿机上加工齿轮齿形的，其加工原理相当于一对齿轮的啮合，如图 5-25 所示。与滚齿相比，插齿加工精度高、表面质量好，精度可达 IT7～IT8 级，齿面表面粗糙度 Ra 值可达 $1.6\mu\text{m}$。插齿可加工直齿圆柱齿轮，尤其适用于滚齿不能加工的内齿轮和多联齿轮。

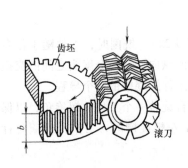

图 5-24　滚齿

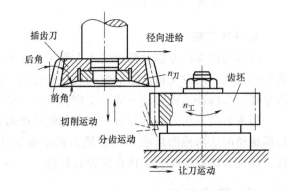

图 5-25　插齿

七、铣削运动及铣削用量

1. 铣削运动

常见的铣削方式如图 5-26 所示，分析得出无论是哪一种铣削方式，要完成整个加工的过程应具备以下运动条件。

1）铣刀的高速旋转运动（即主运动）。

2）工件缓慢的直线运动（即进给运动）。

2. 铣削用量

铣削用量由铣削速度 v_c（m/s），进给量 f、f_s 或 v_f（mm/r、mm/z 或 mm/min），铣削深度 a_p（mm）和铣削宽度 a_e（mm）四要素组成。

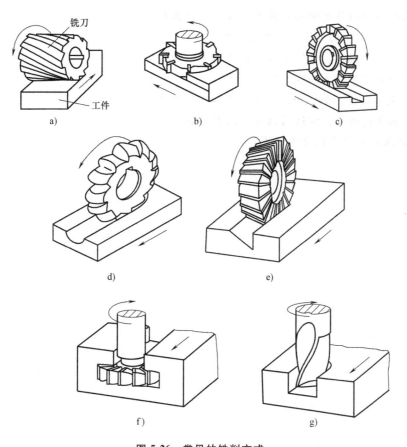

图 5-26 常见的铣削方式

a）铣平面 b）铣平面 c）铣方形槽 d）铣半圆槽

e）铣不对称 V 形槽 f）铣 T 形槽 g）铣沟槽

（1）铣削速度 v_c 铣削速度指铣刀最大直径处的线速度，可由下式计算

$$v_c = \pi dn / 1000$$

式中 d——铣刀直径（mm）；

n——铣刀转速（r/min）。

（2）进给量 f 进给量指工件相对铣刀移动的距离。

（3）铣削深度 a_p 铣削深度指平行于铣刀轴线方向测量的切削层尺寸。

（4）铣削宽度 a_e 铣削宽度指垂直于铣刀轴线并垂直于进给方向测量出的已加工表面的宽度。

复习思考题

1. 铣削时的主运动和进给运动是什么？铣削用量四要素是什么？其单位如何表示？

2. 铣削的主要加工范围是什么？各用什么刀具？

3. X6132 万能升降台铣床主要由哪几部分组成？各部分的主要作用是什么？

4. 铣床的常用附件有哪些？其主要作用是什么？

5. 加工齿数为 27 的齿轮，如何分度？

6. 简述圆柱形铣刀、面铣刀及立铣刀的安装方法。

7. 铣斜面时常用的方法有哪几种？

8. 若要铣 T 形槽，如何加工？请画出加工步骤图。

9. 加工轴上封闭槽，常选用何种铣床和刀具？

10. 简述滚齿和插齿的应用范围。

第六章 刨 削

第一节 概 述

在刨床上用刨刀对工件进行切削加工的方法称为刨削。牛头刨床上刨削时，刨刀的往复直线运动为主运动，工件的间歇移动为进给运动。刨削用量由切削速度 v_c（m/s）、进给量 f（mm/r）和切削深度 a_p（mm）组成，如图6-1所示。切削速度是指刨刀工作行程的平均速度；进给量是指刨刀在一次往复后，工件沿进给方向移动的距离；切削深度是指刨刀切入工件的深度。

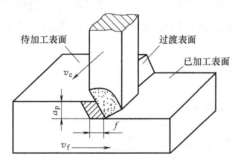

图6-1 牛头刨床刨削用量

如图6-2所示，刨削主要用来加工平面（图6-2a~c）、沟槽（图6-2e、f）和直线型成形面（图6-2d、g），加工精度可达IT8~IT9，表面粗糙度 Ra 值为 $1.6~6.3\mu m$。

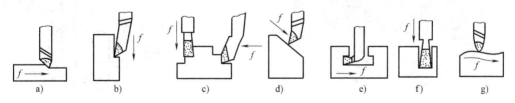

图6-2 刨削的主要加工范围

a）刨水平面　b）刨垂直面　c）刨台阶面　d）刨斜面　e）刨T形槽　f）刨直槽　g）刨曲面

第二节 刨 床

一、刨床的型号

B6065刨床型号的具体含义如下：

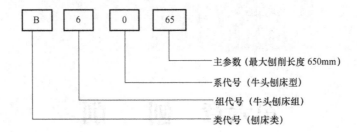

主参数（最大刨削长度650mm）

系代号（牛头刨床型）

组代号（牛头刨床组）

类代号（刨床类）

二、刨床的组成

牛头刨床主要由床身、滑枕、刀架、工作台及传动机构等组成，如图6-3所示。

1. 床身

床身用来支承刨床的各部件，床身内部装有传动机构。其顶面的燕尾形导轨供滑枕做往复运动用，垂直面导轨供工作台升降用。

2. 滑枕

滑枕主要用来带动刨刀沿床身水平导轨做往复直线运动，其前端有刀架。

3. 刀架

刀架用来夹持刨刀，实现刨刀上下运动及斜向进给，其滑板上装有可偏转的刀座。抬刀板可以绕刀座的 A 轴顺时针抬起，供返程时将刨刀抬离加工表面，以减少刨刀与工件间的摩擦，如图6-4所示。

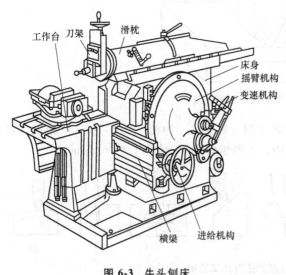

图 6-3 牛头刨床

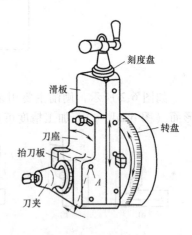

图 6-4 刀架

4. 工作台

工作台配合虎钳等用来装夹工件。它可随横梁沿床身的垂直面导轨做上下调整，并可沿横梁做水平方向移动或间歇进给运动。

三、牛头刨床的传动系统及结构的调整

牛头刨床 B6065 的传动系统如图6-5所示，其中包括下述机构：

1. 摇臂机构（曲柄摇杆机构）

摇臂机构是牛头刨床的主运动机构，其作用是把由电动机经变速机构传来的旋转运动变为滑枕的往复直线运动，以带动刨刀进行刨削。其原理是：图 6-5 中的传动齿轮 19 带动摇臂齿轮 20 转动，固定在摇臂齿轮上的滑块 21 可在摇臂 22 的槽内滑动并带动摇臂绕下支点 23 前后摆动，实现滑枕的往复直线运动。

刨削前，应调节滑枕的行程，使其略大于工件刨削表面的长度。调节方法如图 6-6 所示，转动方头，通过一对锥齿轮转动螺杆，使偏心滑块在导槽内移动，曲柄销带动图 6-5 中滑块 21，改变其在摇臂齿轮端面上的偏心位置，从而改变滑枕 2 的行程。

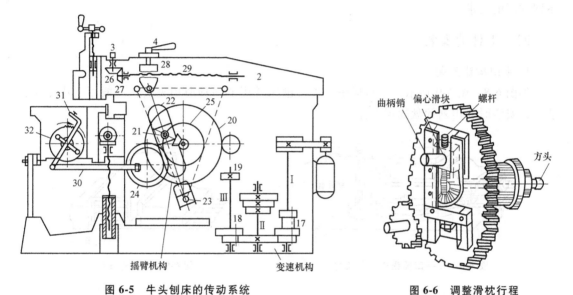

图 6-5 牛头刨床的传动系统　　　　　图 6-6 调整滑枕行程

滑枕行程确定后，还需确定滑枕的起始位置。调节方法是松开图 6-5 中锁紧手柄 4，用曲柄摇手转动轴 3，通过一对锥齿轮 26、27 转动螺杆 29，改变螺母 28 在螺杆 29 的位置，从而改变滑枕 2 的起始位置。

2. 进给机构（棘轮机构）

进给机构的作用是使工作台在水平方向做自动间歇进给。其原理是：图 6-7 中的齿轮 25 与图 6-5 中摇臂齿轮 20 同轴旋转，齿轮 25 带动齿轮 24 转动，使固定于偏心槽内的连杆 30

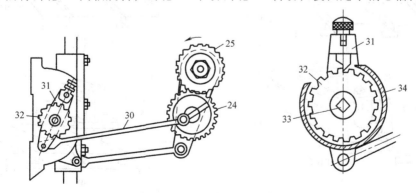

图 6-7 牛头刨床的进给机构

摆动拨杆 31，拨动棘轮 32 使同轴丝杠 33 转一个角度，实现工作台的横向进给。

刨削时，应根据工件的加工要求调整进给量和进给方向。进给量的大小取决于滑枕往复一次时棘爪能拨动的棘轮齿数。即通过转动棘轮罩 34 的缺口位置来改变棘爪拨过的棘轮齿数，实现横向进给量大小的调整。改变棘轮罩 34 的缺口方向，并使棘爪反向（180°）来实现反向进给。

3. 变速机构

变速机构的作用是将电动机的旋转运动以不同的速度传给摇臂。轴 I 和轴 III 上分别装有两组滑动齿轮，使轴 III 有 3×2 = 6 种转速传给摇臂齿轮 20，使滑枕行程速度相应变换，满足不同的刨削要求。

四、工件的安装

1. 平口虎钳安装

如图 6-8、图 6-9 所示，平口虎钳是牛头刨床常用的一种通用夹具，一般用于小型工件装夹，安装时要用划针盘找正工件。

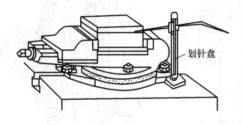

图 6-8 在平口虎钳中安装工件

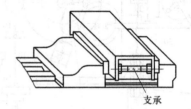

图 6-9 槽钢的安装

2. 压板、螺栓安装

如图 6-10 所示，当工件较大或外形不规则时，需要用压板、压紧螺栓、垫铁把工件安装在工作台上进行加工，装夹之前要对工件进行找正。

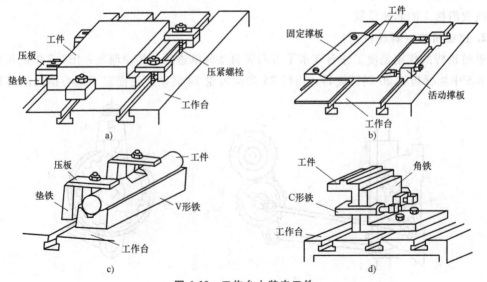

图 6-10 工作台上装夹工件

3. 专用夹具安装

专用夹具是根据工件的加工要求设计出相应的夹具，其结构紧凑、装夹方便。成批大量生产的工件用专用夹具，以保证工件加工后的准确性和装夹迅速。

五、其他刨床

除了牛头刨床外，刨削类机床还有龙门刨床、插床和拉床等。

1. 龙门刨床

图 6-11 所示为龙门刨床，主要用于加工大型工件上窄长的平面、大平面或多件多刀同时刨削。它与牛头刨床主要的区别在于龙门刨床是利用工作台（工件）的往复直线运动，进给运动是刀架（刀具）的间歇移动来刨削工件。龙门刨床刚性好、功率大、操作方便，加工精度和生产率比牛头刨床高。

安装在横梁上的两个垂直刀架做横向进给，以刨水平面；安装在立柱上的两个侧刀架做垂直进给，以刨垂直面。各个刀架均可扳转一定的角度以刨斜面。横梁可沿立柱导轨升降，以适应不同高度的工件。

2. 插床

插床（图 6-12）的结构原理与牛头刨床类似，只是在结构形式上略有差别。插床的主运动是滑枕垂直方向上的往复直线运动；进给运动是工作台（工件）的纵向、横向或回转间歇转动或移动。工作台可进行圆周分度。插削斜面时，可将滑枕倾斜一定角度，且可在小于 10° 的范围内任意调整，主要用于单件或小批量加工零件直线成形的内表面及与其相似的外表面，如内键槽、花键孔、方孔和多边形孔等。

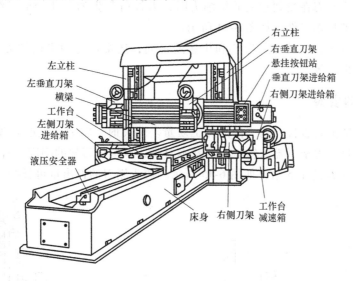

图 6-11　龙门刨床

3. 拉床

在拉床上用拉刀加工工件称为拉削（图 6-13）。拉床的运动较简单，只有主运动即拉刀的移动，没有进给运动（进给运动由递增的齿升量决定）。拉削的生产率很高，加工质量好，加工精度较高，主要用于大批量加工各种形状的通孔、平面和成形面。

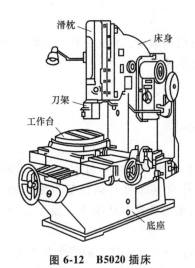

图 6-12　B5020 插床

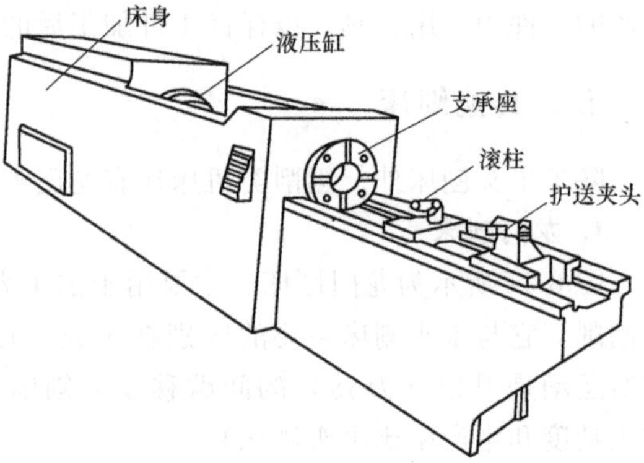

图 6-13　卧式内拉床

第三节　刨刀及安装

一、常见刨刀

刨刀的结构和几何角度与车刀相似，由于刨刀工作时不连续，每次切入工件时受到较大的冲击，所以刨刀刀体的横截面均比车刀大 1.25~1.5 倍，以承受较大的冲击力。刨刀刀杆常做成弯头，弯头刨刀在受到较大的切削力时，刀杆所产生的弯曲变形可绕 O 点向后上方弹起，从而避免了啃伤工件，如图 6-14 所示。

刨刀的种类较多，按其加工形式和用途的不同，通常可分为平面刨刀、偏刀、角度偏刀、弯切刀、成形刀等。

二、刨刀的安装

刨刀的正确装夹将直接影响工件的加工质量。装夹时，将刀架上的转盘对准零刻度线，以准确控制吃刀量。刀架下端与转盘底部基本对齐，以增加刀架的刚度。直头刨刀的伸出长度一般为刀体厚度 H 的 1.5 倍，如图 6-15 所示。弯头刨刀的伸出量可长些。

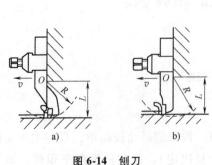

图 6-14　刨刀

a）弯头刨刀　b）直头刨刀

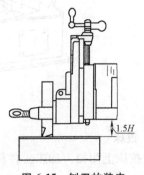

图 6-15　刨刀的装夹

第四节 刨削方法

刨削主要用来加工水平面、台阶、垂直面、斜面和各种沟槽等。刨削使用的刀具简单、加工调整方便、灵活，但生产率低，主要用于单件生产、修配及狭长平面和较长沟槽的加工。

一、刨平面

刨平面是最基本的一种刨削。一般粗刨时，用平面刨刀；精刨时用圆头精刨刀。刨削用量为：刨削速度 $v = 0.2 \sim 0.5 \mathrm{m/s}$；进给量 $f = 0.3 \sim 1 \mathrm{mm/r}$；切削深度 $a_{\mathrm{p}} = 0.5 \sim 2 \mathrm{mm}$。

二、刨垂直面和斜面

刨垂直面时，可采用偏刀，根据加工表面要求，选用左偏刀或右偏刀。刨削时，刀架转盘应对准零刻度线，使滑板（刨刀）能准确地沿垂直方向移动。同时，刀座还需偏转一定的角度（ $10° \sim 15°$ ），使刨刀在返程时可自由地离开工件表面，以免擦伤已加工表面和减少刀刃磨损，如图 6-16 所示。刨斜面与刨垂直面基本相同，区别在刀架转盘扳转一个加工所要求的角度。例如刨 60° 斜面，就应使刀架转盘对准 30° 刻线，如图 6-17 所示。

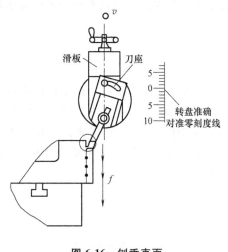

图 6-16 刨垂直面

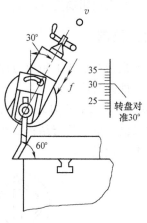

图 6-17 刨斜面

三、刨矩形工件

矩形工件要求相对表面平行，相邻表面垂直。这类工件既可铣削，又可刨削。当工件采用平口虎钳装夹时，加工四个面的步骤应按照图 6-18 所示的顺序进行。

四、刨沟槽

V 形槽、T 形槽、燕尾槽等沟槽是由平面、斜面、直槽等组成的。刨槽前要先画线。各槽表面的加工顺序如图 6-19 所示。

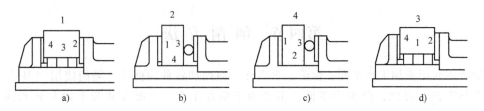

图 6-18　刨矩形工件

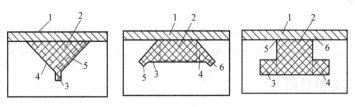

图 6-19　刨沟槽的顺序

五、插削

插削是指在插床上用插刀加工工件（图 6-20）。插刀类似刨刀，但受内表面的限制，刀杆刚性差，插削精度不如刨削。

插削的生产率低，加工的几何精度高，一般用于工具车间、机修车间和单件或小批量生产，加工的表面粗糙度 Ra 值为 $1.6 \sim 6.3 \mu\mathrm{m}$。

六、拉削

拉削是指在拉床上用拉刀加工工件（图 6-21）。从切削性质来看，拉削近似为刨削。拉刀相对工件做直线移动（主运动）时，拉刀的每一个刀齿依次从工件上切下一层薄的切屑（进给运动）。当全部刀齿通过工件后，即完成了工件的加工。一般拉削孔的长度不能超过孔径的三倍。由于拉刀结构复杂，价格昂贵，且一把拉刀只能加工一种尺寸的表面，故拉削主要用于大批量生产。

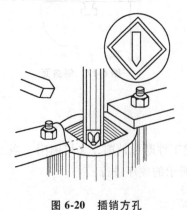

图 6-20　插销方孔

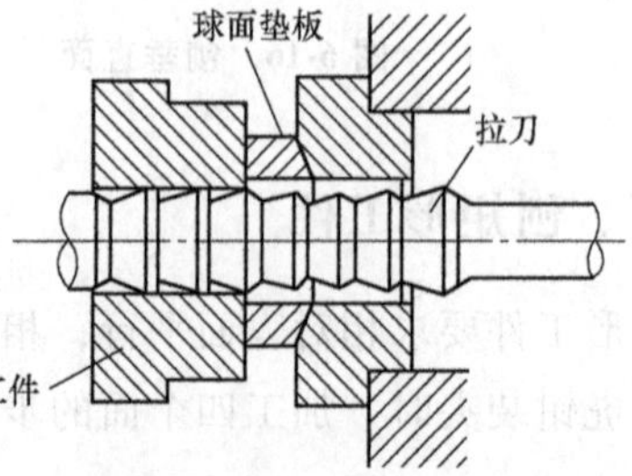

球面垫板
拉刀
工件

图 6-21　拉削圆孔

拉削的生产率很高，加工质量较好，广泛用于加工各种孔、键槽、平面、半圆弧面和某些组合面，加工精度可达 IT6～IT8，表面粗糙度 Ra 值为 $0.4 \sim 0.8 \mu\mathrm{m}$。

复习思考题

1. 牛头刨床、龙门刨床和插床的主运动及进给运动有何异同？

2. 牛头刨床刨削时，刀具和工件必须做哪些运动？与车削相比，刨削运动有何特点？

3. 刨垂直面和刨与水平面成 60°角的斜面时，刀架如何调整？

4. 试述刨 T 形槽和燕尾槽的步骤。

5. 牛头刨床的曲柄摇杆机构和棘轮机构的作用和调整方法是什么？

6. 为什么刨刀往往做成弯头？刨刀如何正确安装？

7. 刨削和插削相比有何异同？

8. 拉削的主要范围是什么？

9. 用压板、压紧螺栓装夹工件时的主要注意事项有哪些？

第七章 磨削与镗削

第一节 磨 削

一、概述

磨削是指利用砂轮在工件表面进行的反复切削加工，它是零件精加工的主要方法之一。

磨外圆时，砂轮的高速旋转运动为主运动；工件的低速旋转运动为圆周进给运动；工件的纵向移动为纵向进给运动；砂轮的横向移动为横向进给运动。磨削用量为磨削速度 v_c（m/s）、圆周速度 v_w（m/s）、纵向进给量 f（mm/r）和横向进给量 a_p（也称磨削深度，mm/dst），如图 7-1 所示。磨削速度是指砂轮外圆的线速度；圆周速度是指工件外圆的线速度；纵向进给量是指工件每转一周沿其轴向的位移量；横向进给量是指工作台每双行程内砂轮相对工件横向的位移量。

如图 7-2 所示，磨削主要用来精加工零件的内外

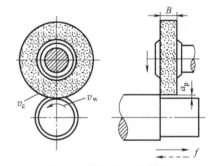

图 7-1 磨外圆时的运动

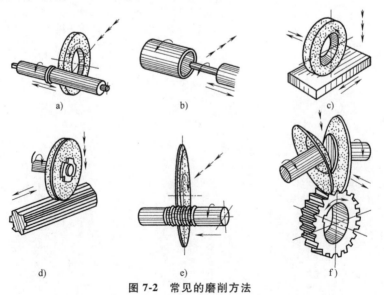

图 7-2 常见的磨削方法

a）外圆磨削 b）内圆磨削 c）平面磨削 d）花键磨削 e）螺纹磨削 f）齿形磨削

圆柱面、内外锥面、平面及成形面（花键、螺纹、齿轮等）和一些难加工的高硬材料（淬火钢、硬质合金），加工精度可达 IT5~IT6，表面粗糙度 Ra 值为 $0.1~0.8\mu m$。

二、磨床

磨床的种类很多，专业性很强，按用途可分为外圆磨床、内圆磨床、平面磨床、无心磨床、花键轴磨床、螺纹磨床等。

1. 磨床的型号

磨床型号的具体含义如下：

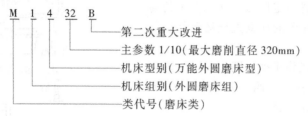

2. 磨床的组成

以万能外圆磨床为例，它主要由床身、工作台、头架、砂轮、砂轮架、磨头、尾座、转台横向进给手轮等组成，如图 7-3 所示。

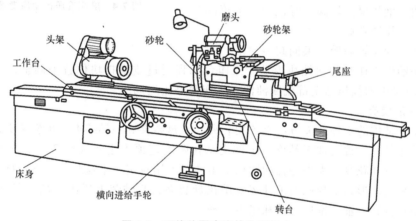

图 7-3　万能外圆磨床的主要组成

（1）床身　床身用于支承和连接磨床各部件，内部装有液压传动装置及操纵机构，上部的纵向导轨上安装有工作台，横向导轨安装有砂轮架。

（2）工作台　工作台分为上下层，上层工作台可实现水平面内偏转一定的角度（±8°），以便磨锥面；下层工作台在液压系统控制下做纵向往复运动。工作台前侧面的 T 形槽内，装有两个换向挡块，用以控制工作台的行程和换向。

（3）头架　头架的主轴前端安装顶尖、拨盘或卡盘，用来装夹工件使其做旋转运动。主轴由单独电动机带动，使工件获得不同的转速。

（4）尾座　尾座套筒内装有顶尖，可与主轴顶尖一起支承工件。尾座固定在工作台上的位置，可根据工件长度任意调整，实现工件的固定夹紧。

（5）砂轮架　砂轮架用来安装砂轮，在电动机的带动下做高速旋转。整个砂轮架安装在横向导轨上，可通过手动或液压传动实现砂轮横向进给。

万能外圆磨床的头架和砂轮架都可在水平面内回转一定角度，并装有磨头，故加工范围较广，可以磨削内外圆柱面、锥度较大的内外锥面和端面。

3. 磨床的液压传动系统

磨床传动系统采用液压传动，具有传动平稳、无冲击振动、换向方便，可在较大范围内进行无级调速等特点。图 7-4 为磨床液压传动原理图。

磨床的液压传动系统主要由液压泵、液压缸、转阀、溢流阀、节流阀、换向阀、工作介质（液压油）及操作手柄等组成。溢流阀的作用是使系统中维持一定压力，并把多余的高压油排入油箱。工作台的往复直线运动是按下述循环实现的。

工作台左移（操作手柄在图中实线位置）。

高压油：液压泵→转阀→溢流阀→节流阀→换向阀→液压缸右腔。

低压油：液压缸左腔→换向阀→油箱。

工作台右移（操作手柄在图中双点画线位置）。

高压油：液压泵→转阀→溢流阀→节流阀→换向阀→液压缸左腔。

低压油：液压缸右腔→换向阀→油箱。

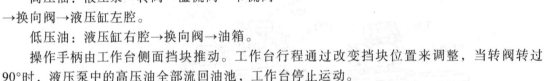

图 7-4　磨床液压传动原理图

操作手柄由工作台侧面挡块推动。工作台行程通过改变挡块位置来调整，当转阀转过 90°时，液压泵中的高压油全部流回油池，工作台停止运动。

4. 工件的装夹

在磨床上常用的工件装夹方法有顶尖装夹、卡盘装夹和心轴装夹。顶尖装夹适用于有中心孔的轴类零件。为提高加工精度，工件支承在两固定顶尖之间（图 7-5）；卡盘有自定心卡盘、单动卡盘和花盘。无中心孔的圆柱形工件多采用自定心卡盘装夹，不对称的工件多采用单动卡盘装夹，形状不规则的工件多采用花盘装夹；心轴装夹适用于盘、套类空心工件，常用的心轴有台肩心轴、锥度心轴和胀力心轴。

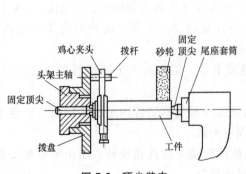

图 7-5　顶尖装夹

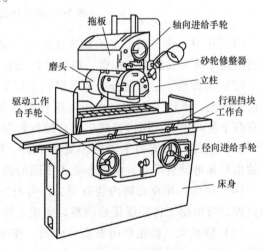

图 7-6　平面磨床

5. 其他磨床

（1）平面磨床 平面磨床（图 7-6）主要用来磨平面。磨削时，砂轮做高速旋转运动为主运动，可在轴向反复运动，工作台的纵向反复移动为进给运动。工作台上装有电磁吸盘或其他夹具，用来安装工件。磨平面的加工精度可达 IT5~IT6，表面粗糙度 Ra 值为 $0.2~0.4\mu m$。

（2）内圆磨床 内圆磨床（图 7-7）主要用来磨圆柱孔、锥孔及端面。磨削运动和外圆磨床相同。砂轮做高速旋转，且旋转方向与工件旋转方向相反。内圆的加工精度可达 IT6~IT7，表面粗糙度 Ra 值为 $0.2~0.8\mu m$。

（3）无心外圆磨床 无心外圆磨床主要用于成批及大量生产中磨削细长轴和无中心孔的短轴。磨削时不用装夹工件，而是放置在砂轮和导轮之间，用托板支承，工件由低速旋转的导轮带着旋转，由高速旋转的砂轮磨削，如图 7-8 所示。磨削的加工精度可达 IT5~IT6，表面粗糙度 Ra 值为 $0.2~0.8\mu m$。

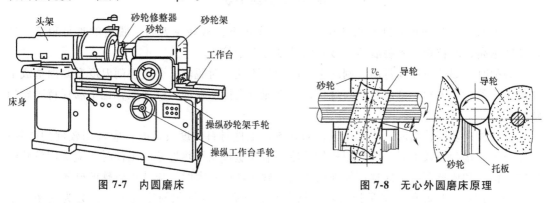

图 7-7 内圆磨床　　　　　　　　　图 7-8 无心外圆磨床原理

三、砂轮

1. 砂轮特性及选择原则

砂轮是磨削加工的主要切削工具。普通砂轮是用结合剂把磨粒黏结起来，经压坯、干燥、焙烧及车整制成。磨粒、结合剂和空隙构成了砂轮的三大要素（图 7-9）。砂轮的特性包括磨粒、粒度、结合剂、硬度、组织、形状和尺寸等。

（1）磨粒 磨粒是砂轮的主要成分，直接参与切削，应具有坚韧、锋利、耐热等性能。根据磨料的大小，把砂轮分为粗砂砂轮和细砂砂轮。常用的磨粒有刚玉（Al_2O_3）和碳化硅（SiC）两大类。刚玉类适用于磨削钢料及合金钢刀具，碳化硅类适用于磨削铸铁、青铜等脆性材料及硬质合金刀具等。

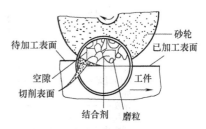

图 7-9 磨削原理及砂轮结构

（2）粒度 磨粒的尺寸用粒度表示，当磨粒尺寸较大时，用筛选法分级，以其能通过的筛网上每英寸长度上的孔数来表示粒度号，如 F60 表示磨粒能通过每英寸 60 个孔眼的筛网。粒度号越大，磨粒越细；粒度号越小，磨粒越粗。直径小于 $63\mu m$ 的磨粒称为微粉，用光电沉降仪法分级。微粉的粒度号为 F230~F1200，F 后的数字越大，微粉越细。粗磨和磨软材料时用小号，即选用磨粒较粗的砂轮，以提高生产率；精磨和磨硬材料时用大号，即选用磨粒较细的砂轮，以减小表面粗糙度值。砂轮与工件接触面积较大时，选用磨粒较粗的砂轮，防止烧伤工件。常用的粒度号为 F30~F100。

（3）结合剂 磨粒由结合剂黏结成具有一定形状和强度的砂轮（图 7-10）。常用的结合剂种类有陶瓷结合剂、树脂结合剂和橡胶结合剂，最常用的是陶瓷结合剂。磨粒被黏结得越牢，砂轮的硬度就越高。

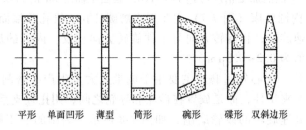

平形　单面凹形　薄型　筒形　碗形　碟形　双斜边形

图 7-10 砂轮的形状

（4）硬度 砂轮的硬度是指磨粒在磨削力作用下，从砂轮表面上脱落的难易程度。砂轮硬度越高，磨粒越不容易脱落。砂轮的硬度分七个等级。

磨削时，如砂轮硬度过高，则磨钝了的磨粒不能及时脱落，会使磨削温度升高而造成工件烧伤；若砂轮太软，则磨粒脱落过快，不能充分发挥磨粒的磨削效能，也不易保持砂轮的外形。

工件材料硬度较高时，应选用较软的砂轮；工件材料硬度较低时，应选用较硬的砂轮；砂轮与工件接触面较大时，应选用较软砂轮；磨薄壁件及导热性差的工件时，应选用较软的砂轮；精磨和成形磨时，应选用较硬的砂轮；砂轮粒度号大时，应选用较软的砂轮。

（5）组织 砂轮的组织是指磨粒、结合剂、气孔三者体积的比例关系，分为紧密、中等、疏松三大类 16 级，最常用的是 5 级、6 级，级数越小，砂轮越紧密。磨淬火钢及工具时常用中等组织。

（6）形状 在砂轮的端面上一般印有标志，用以标示砂轮的特性。

砂轮选用时主要根据工件的材料、形状、尺寸及热处理方法。在砂轮的非工作面上印有特性代号，例如：

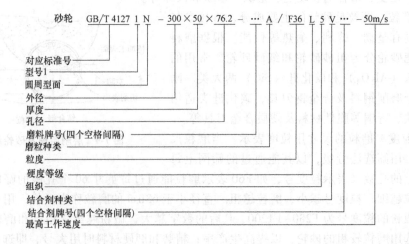

2. 砂轮的安装与修整

由于砂轮做的是高速旋转运动，在安装前需要对其进行检查，确保砂轮完整，没有裂纹，同时需要对砂轮进行平衡实验。大尺寸砂轮用台阶法兰盘安装并需做平衡试验；中等尺寸的砂轮用法兰盘安装在主轴上（图7-11）；小尺寸砂轮直接粘固在主轴上。

砂轮用钝后，需要对其进行修整，用金刚石刀具将砂轮表面变钝的磨粒切去，以恢复其几何形状和锐利程度（图7-12）。修整时要用大量切削液，以免金刚石刀具因温度剧升而破裂。

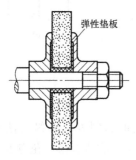

图7-11 砂轮的安装

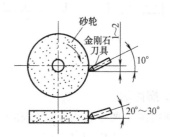

图7-12 砂轮的修整

3. 砂轮磨削原理

（1）砂轮磨削过程分析 磨削时，其切削厚度由零开始逐渐增大。由于磨粒具有很大的负前角和较大尖端圆角半径，当磨粒切入工件时，只能在工件表面上进行滑擦，这时切削表面产生弹性变形。当磨粒继续切入工件，磨粒作用在工件上的法向力增大到一定值时，工件表面产生塑性变形，使磨粒前方受挤压的金属向两边塑性流动，在工件表面上耕犁出沟槽，沟槽的两侧微隆起。当磨粒继续切入工件，其切削厚度增大到一定数值后，磨粒前方的金属在磨粒的作用下发生滑移。

（2）磨削阶段 由于磨削时，径向力较大，引起工件、夹具、砂轮、磨床系统产生弹性变形，使实际磨削深度与每次的径向进给量有所差别。实际的磨削过程可分为三个阶段：

1）初磨阶段：在砂轮最初的几次径向进给中，由于机床、工件、夹具系统的弹性变形，实际磨削深度比磨床刻度所显示的径向进给量小，工件、砂轮、磨床刚性越差，此阶段越长。

2）稳定阶段：随着径向进给次数的增加，机床、工件、夹具系统的变形抗力也逐渐增大。直到工艺系统的变形抗力等于径向力，实际磨削深度等于径向进给量，此时进入稳定阶段。

3）清磨阶段：当磨削余量即将磨完时，砂轮径向进给停止。由于工艺系统的弹性变形逐渐回复，实际磨削深度大于零。为此，在无切削深度的情况下，增加进给次数，使磨削深度逐渐趋于零，磨削火花逐渐消失。这个阶段称为清磨阶段，主要是为了提高磨削精度，减小表面粗糙度值。

四、磨削方法

磨削时，为了减少摩擦和散热，降低磨削温度，要添加大量冷却液及时冲走屑末，以保证工件表面质量。

1. 磨外圆

磨外圆主要是在外圆磨床上进行的，也可使用无心外圆磨。常用的磨削方法有纵磨法、横磨法和深磨法（图7-13）。纵磨法在生产中应用最广，主要用于单件小批生产以及精磨长径比较大的工件；横磨法主要用于磨削短工件、阶梯轴的轴颈以及粗磨等；深磨法主要用于大批量生产，且要求机床功率大、刚度好。

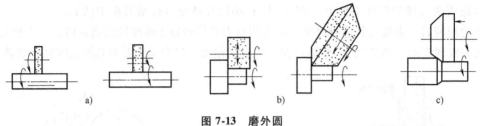

图 7-13　磨外圆

a）纵磨法　b）横磨法　c）深磨法

2. 磨内圆

磨内圆主要是在内圆磨床和万能外圆磨床上进行的。常用的磨削方法有纵磨法和横磨法，其中纵磨法应用最为广泛。磨内圆时，通常采用自定心卡盘、单动卡盘、花盘及弯板等夹具装夹工件，最常用的是用单动卡盘通过找正装夹工件（图 7-14）。

3. 磨平面

磨平面是在平面磨床上进行的。工件一般采用电磁吸盘工作台直接吸住装夹。常用的磨削方法有周磨法和端磨法两种（图 7-15）。周磨法的砂轮与工件接触面积小，发热量小，便于冷却，加工质量高，但生产率低，主要用于精磨。与此相反，端磨法的磨削效率高，但磨削精度低，主要用于粗磨和半精磨。

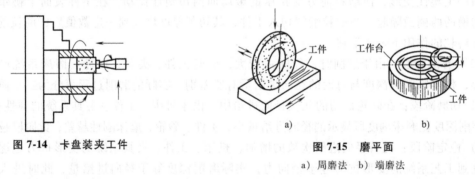

图 7-14　卡盘装夹工件

图 7-15　磨平面

a）周磨法　b）端磨法

五、磨削力

磨削力可以分解为三个分力：主磨削力（切向力）F_c、背向力 F_p、进给力 F_f。与切削力相比，磨削力具有以下特征：

1）单位磨削力 κ_c 都在 70kN/mm² 以上，切削加工的 κ_c 值均在 7kN/mm² 以下，原因是磨粒大多以较大的负前角进行切削。

2）三向磨削分力中 F_p 值最大。在正常磨削条件下，F_p 与 F_c 的比值为 2~2.5。被磨材料塑性越小、硬度越大，F_p/F_c 值越大。

六、磨削温度

1. 磨削温度

由于磨削时单位磨削力比车削时大得多，切除金属体积相同时，磨削所消耗的能量远远大于车削所消耗的能量。这些能量在磨削中将迅速转变为热能，磨粒磨削点温度高达 1000~1400℃，砂轮磨削区温度也有几百摄氏度。磨削温度对加工表面质量影响很大，需设法控制。

2. 影响磨削温度的因素

（1）砂轮速度 提高砂轮速度，单位时间通过工件表面的磨粒数增多，单颗磨粒切削厚度减小，挤压和摩擦作用加剧，单位时间内产生的热量增加，使磨削温度升高。

（2）工件速度 增大工件速度，单位时间内进入磨削区的工件材料增加，单颗磨粒的切削厚度加大，磨削力及能耗增加，磨削温度上升；但从热量传递的观点分析，提高工件速度，工件表面与砂轮的接触时间缩短，工件上受热影响区的深度较浅，可以有效防止工件表面产生磨削烧伤和磨削裂纹。因此，在生产实践中常采用提高工件速度的方法来减少工件表面烧伤和裂纹。

（3）径向进给量 径向进给量增大，单颗磨粒的切削厚度增大，产生的热量增多，使磨削温度升高。

（4）工件材料 磨削韧性大、强度高、导热性差的材料，因为消耗于金属变形和摩擦的能量大、发热多，而散热性能又差，故磨削温度较高；磨削脆性大、强度低、导热性好的材料，磨削温度相对较低。

（5）砂轮特性 选用低硬度砂轮磨削时，砂轮自锐性好，磨粒切削刃锋利，磨削力和磨削温度都比较低。选用粗粒度砂轮磨削时，容屑空间大，磨屑不易堵塞砂轮，磨削温度比选用细粒度砂轮磨削时低。

七、磨削表面的表面粗糙度

1. 磨削表面的表面粗糙度的形成

磨削表面的表面粗糙度是由磨粒磨削后在加工表面上形成残留轮廓和工艺系统振动所引起的波纹所决定的。

2. 影响磨削表面的表面粗糙度的因素

磨削时的残留部分取决于砂轮的粒度、硬度、砂轮的修整质量及磨削用量。

磨削中的振动远比残留部分对表面粗糙度的影响大。消除振动，减小波纹的主要措施：严格控制磨床主轴的径向圆跳动；砂轮及其他高速旋转部件要经过仔细的动平衡；保证磨床工作台慢进给时无爬行；提高磨床动刚度；合理选择磨削用量和砂轮。

八、磨削液

磨削过程中，砂轮和材料之间既发生切削又发生刻划和划擦，产生大量的磨削热。与车削、铣削等切削方式不同，车削、铣削有 70%~80% 的热量聚集在切屑上流走，传入工件的占 10%~20%，传入刀具的则不到 5%，但磨削由于被切削掉的金属较薄，60%~90% 的热量被传入工件，仅有不到 10% 的热量被磨屑带走，产生了大量的磨削热，磨削温度可达 400~1000℃，在这样的高温下，材料会发生变形和烧伤，砂轮也会严重磨损，磨削质量下降。在通常情况下，磨削都会使用磨削液，将大量的磨削热带走，降低磨削温度。有效地使用磨削液可提高切削速度 30%，将温度降到 100~150℃，减少切削力 10%~30%，延长砂轮使用寿命 4~5 倍。

磨削液的四大作用：润滑、冷却、清洗、防锈。附带的作用有良好的乳化分散性能、良好的抗泡性能和良好的环境稳定性等。高速磨削由于磨除效率高，发热量大，因此对磨削液的润滑性及冷却性能要求更高。另外，还应对磨削液的第二层功能，即防腐性、防火性、消泡性、无害性及抗氧化性等加以足够重视。

1. 构成

锯片磨削液主要由润滑剂、防锈添加剂、稳定剂等组成，广泛应用于硬质合金的各种磨削，具有润滑、防锈、防腐蚀、冷却等作用。其润滑性佳，使用效果明显优于乳化液，可提高工件表面质量，不黏砂轮，降低砂轮磨损。溶液透明，易观察表面加工情况。防锈期达7天以上。

2. 性能特征

（1）润滑　可延长刀具寿命，提高加工件表面质量。

（2）防锈　对于钢和铸件都有较好的防锈能力，可完全取代工序间防锈。

（3）冷却　快速降低加工件的温度。

（4）清洗　对加工件遗留的钢屑、铁屑等有清洗作用，提高磨削效率。

（5）安全　对机床、零件无腐蚀，对人体无毒害，符合环保要求，对环境无污染，易于排放。

（6）经济　高浓缩，使用时可根据需要稀释10~25倍，非常经济。

3. 种类特性

磨削液种类非常多，通常可分为两大类型：水溶性磨削液和油溶性磨削液。水溶性磨削液又可分为：乳化液、半合成磨削液、全合成磨削液。油溶性磨削液主要成分为矿物油。普通矿物油是在低黏度或中黏度矿物油中加防锈添加剂。例如在机械油、轻柴油、煤油中加脂肪酸以增强润滑作用。另外在磨削液中加入硫、氯、磷等元素的极压添加剂形成极压油，其渗透能力和润滑能力会更适宜表面粗糙度要求低的工序加工使用。油溶性磨削液有较好的附着性，能隔绝空气，防止磨削区氧化和水解等不良的化学反应。例如CBN砂轮易在高温下与水发生反应，所以使用CBN高速磨削时应采用油性磨削液。水溶性磨削液中的乳化液含油量50%左右，半合成磨削液含油量5%~40%，全合成磨削液不含油，主要由水基化合物和水组成；水溶性磨削液具有很好的冷却效果，且配制方便、成本低廉、不易污染。

4. 适用范围

磨削液可用于不锈钢、碳素钢、高镍钢、铸铁等大部分金属的磨削加工，适用于碳素钢、轴承钢、球墨铸铁、合金钢等材质的调整磨削、普通磨削、精密磨削、车磨混合加工线作为切削液，尤其适用于大循环集中供液系统。也可用于硬质合金的切削、磨削过程中，主要起润滑散热的作用并能短期防锈。

5. 使用说明

1）用自来水稀释使用，磨削使用浓度为3%~4%（25倍以上水稀释）。

2）磨削液加入到机床盛装磨削液的槽中，再加入20倍的清水搅拌均匀，即可投入使用。

3）在使用中，磨削液会因不断污染而变脏，铁屑沉积过多时应及时清理，切削液若变黑或产生异味时应排放更新。根据切削工作量的多少不同，切削液每隔3个月左右需排放更新一次，平时应及时进行补充。

4）排放更新时若切削液槽底脏污严重，应及时清理干净，以免污染新液。

第二节　镗　　削

镗削是在镗床上用镗刀对工件表面进行的切削加工，是一种用刀具扩大孔或其他圆形轮廓的内径切削工艺。镗削主要用于复杂零件（箱体、缸体和支架）上具有较高尺寸精度和位置精度要求的孔和孔系以及相关表面的加工，其应用范围一般从半粗加工到精加工，所用刀具通常为单刃镗刀（称为镗杆）。镗孔是镗削的一种。镗削主要用来加工直径在 80mm 以上的孔、环形槽及有较高位置精度的孔系等，还可以进行钻孔、扩孔、铰孔及铣平面。镗孔的尺寸精度可达 IT7，表面粗糙度 Ra 值为 $0.8\sim1.6\mu m$。

一、镗床的分类

镗床分为卧式镗床、立式镗床、深孔镗床和坐标镗床，应用最广的是卧式镗床（图 7-16）。卧式镗床加工时，通过垂直调整主轴箱和横向调整工作台，可以准确地确定被加工的孔与孔或孔与基准平面在两个互相垂直坐标上的相对位置。工作台还可绕垂直轴做回转运动，从而可以对工件的各个方向进行加工，如图 7-17 所示。

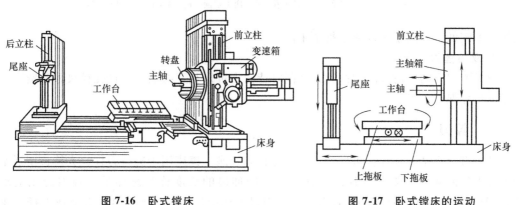

图 7-16　卧式镗床　　　　　　　图 7-17　卧式镗床的运动

镗削的主运动是镗刀的转动，进给运动是工件或刀具的移动。采用不同的主运动和进给运动配合，卧式镗床可完成各种孔、平面、沟槽、端面、环形槽以及螺纹等的加工（图 7-18）。但是，由于机床和刀具调整复杂，操作技术要求高，刀具切削刃少，故生产率较低，一般用于单件或小批量生产。在大批量生产中，需要用镗模夹具来提高生产率。

二、镗刀类型

按其切削刃数量可分为单刃镗刀、双刃镗刀和多刃镗刀；按其加工表面可分为通孔镗刀、不通孔镗刀、阶梯孔镗刀和端面镗刀；按其结构可分为整体式、装配式和可调式。

1. 单刃镗刀

单刃镗刀刀头结构与车刀类似，刀头装在刀杆中，根据被加工孔孔径尺寸，通过手工操作，用螺钉固定刀头的位置。刀头与刀杆轴线垂直可镗通孔，倾斜安装可镗不通孔。单刃镗刀结构简单，可以校正原有孔轴线偏斜和小的位置偏差，适应性较广。但是，所镗孔径尺寸的大小要靠人工调整刀头的悬伸长度来保证，较为麻烦，加之仅有一个主切削刃进行切削，

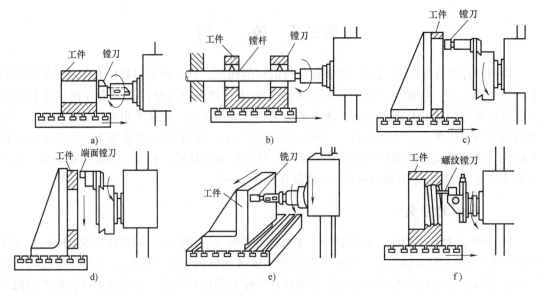

图 7-18 卧式镗床上的主要加工范围

a）镗孔　b）镗同轴孔　c）镗大孔　d）加工端面　e）铣平面　f）加工螺纹

故生产率较低，多用于单件或小批量生产。

2. 双刃镗刀

双刃镗刀有两个对称的切削刃，切削时背向力可以相互抵消，工件孔径尺寸和精度由镗刀径向尺寸保证。

三、镗刀

镗刀有三个基本零件：可转位刀片、刀杆和镗座。镗座用于夹持刀杆，夹持长度通常约为刀杆直径的 4 倍。装有刀片的刀杆从镗座中伸出的长度称为悬伸量（镗刀的无支承部分）。悬伸量决定了镗孔的最大深度，是镗刀最重要的尺寸。悬伸量过大会造成刀杆严重挠曲，引起振颤，从而破坏工件的表面质量，还可能使刀片过早失效。这些都会降低加工效率。

通常应该选用静刚度和动刚度尽可能高的镗刀。静刚度反映镗刀承受因切削力而产生挠曲的能力，动刚度则反映镗刀的抗振性。

1. 切削力

作用于镗刀上的切削力可用一个旋转测力计进行测量。被测力包括切向力、进给力和背向力。与其他两个力相比，切向力的量值最大。

切向力垂直作用于刀片的前面，并将镗刀向下推。需要注意：切向力作用于刀片的刀尖附近，而并非作用于刀杆中心线，这一点至关重要。切向力偏离中心线产生了一个力臂（从刀杆中心线到受力点的距离），从而形成一个力矩，它会引起镗刀相对其中心线发生扭转变形。

进给力是量值第二大的力，其作用方向平行于刀杆的中心线，因此不会引起镗刀的挠曲。背向力的作用方向垂直于刀杆的中心线，它将镗刀推离被加工表面。因此，只有切向力和背向力会使镗刀产生挠曲。

2. 镗刀的挠曲

镗刀类似于一端固定（镗座夹持部分）、另一端无支承（刀杆悬伸）的悬臂梁，因此可用悬臂梁挠曲计算公式来计算镗刀的挠曲量

$$v = FL^3/(3EI)$$

式中　F——合力（N）；

　　　L——悬伸量（mm）；

　　　E——弹性模量（Pa）；

　　　I——刀杆的截面惯性矩（mm^4）。

镗刀杆截面惯性矩的计算公式为

$$I = \pi D^4/64$$

式中　D——镗刀杆的外径（mm）。

分析镗刀挠曲和截面惯性矩的计算公式可知，在镗削时应遵循以下原则：

1）镗刀的悬伸量应尽可能小。因为随着悬伸量的增大，挠曲量也会随之增大。例如，当悬伸量增大 1.25 倍时，在刀杆外径和切削用量保持不变的情况下，挠曲量将增大近 2 倍。

2）镗刀杆的直径应尽可能大。因为当刀杆直径增大时，其截面惯性矩也会增大，挠曲量将会减小。例如，当刀杆直径增大 1.25 倍时，在悬伸量和切削用量保持不变的情况下，挠曲量将减小近 3/5。

3）在悬伸量、刀杆外径和切削用量保持不变时，采用高弹性模量材料的镗刀杆可以减小挠曲量。

3. 镗刀杆的材料

镗刀杆由钢、钨基高密度合金或硬质合金制成。无论何种牌号的碳素钢和合金钢，都有相同的弹性模量：$E = 30 \times 10^6 Pa$。一种常见的误解是认为采用高硬度或高品质钢制造镗刀杆可以减小挠曲量。而从挠曲计算公式可以看出，决定挠曲的变量之一是弹性模量而非硬度。

钨基合金由粉末冶金制成。钨、镍、铁、铜等高纯度金属粉末是烧结各种合金的典型元素，其中有些合金可用于制作镗刀杆和其他刀柄。用于制作镗刀杆的典型钨基高密度合金牌号是 K1700（$E = 45 \times 10^6 Pa$）和 K1800（$E = 48 \times 10^6 Pa$），用它们制成的镗刀杆在以相同切削用量进行镗削时，其挠曲量可比相同直径和悬伸量的钢制刀杆减小 50%~60%。

用硬质合金制成的镗刀杆挠曲量非常小，因为其弹性模量比钢和高密度钨基合金高得多。制作镗刀杆的典型硬质合金牌号的碳化钨含量为 90%~94%，钴含量为 6%~10%。

4. 镗刀片的材料

镗刀片可采用硬质合金、陶瓷、金属陶瓷、PCD、PCBN 等不同刀具材料制成。硬质合金镗刀片大多采用 PVD 或 CVD 涂层。例如，PVD TiN 涂层适于加工高温合金和奥氏体不锈钢；PVD TiAlN 涂层用途广泛，适于加工大部分钢、钛合金、铸铁及有色金属合金。这两种涂层都涂覆于具有良好抗热变形和抗断续切削能力的硬质合金基体上。此类硬质合金基体含有约 94% 的碳化钨和约 6% 的钴，如 GB/T 18376.1—2008 规定的 K10、K20、M10、M20、P10、P20。

CVD 涂层硬质合金牌号适用于大部分钢和铸铁材料的镗削。CVD 涂层是由 TiN、Al_2O_3、TiCN 及 TiC 等多层成分组成的复合涂层，其中每层涂层都具有特定功能，不同的涂层组合能抵抗不同的磨损机制。典型的硬质合金牌号由碳化钨、碳化钽及含钴 TiC 等多元碳化物组

成，如 GB/T 18376.1—2008 规定的 K10~K30、M10~M40、P10~P40。

陶瓷刀片牌号包括氧化铝（Al_2O_3）基和氮化硅（Si_3N_4）基两大类。氧化铝基陶瓷刀片又分为未涂层和 PVD TiN 涂层两类牌号。未涂层牌号具有较好的韧性和耐磨性，推荐用于合金钢、工具钢和硬度大于 60HRC 的马氏体不锈钢的镗削。涂层牌号则用于淬硬钢、铸铁（硬度 45HRC 或更高）、镍基及钴基合金的精镗。

氮化硅基陶瓷刀片包括双层 CVD 涂层（一层是 TiN，另一层是 Al_2O_3）牌号和未涂层牌号。涂层牌号兼具良好的韧性和刃口耐磨性，推荐用于灰铸铁和球墨铸铁的镗削。某些未涂层牌号具有优异的抗热冲击性及断裂韧度，而另一些牌号能够吸收机械冲击和保持良好的刃口耐磨性，此类牌号适于高温合金的镗削。具有高韧性的未涂层牌号推荐用于灰铸铁的粗镗和断续镗削。

金属陶瓷是由陶瓷材料（钛基硬质合金）与金属（镍、钴）结合剂组合而成的复合材料。金属陶瓷分为涂层牌号和未涂层牌号两类。未涂层牌号硬度较高，具有良好的抗积屑瘤和抗塑性变形能力，用于表面粗糙度要求较高的合金钢精镗。多层 PVD 涂层牌号（两层 TiN 涂层之间夹一层 TiCN 涂层）可用于大部分碳素钢、合金钢及不锈钢的高速精镗和半精镗；用于加工灰铸铁和球墨铸铁时，也可获得较长的刀具寿命和良好的表面粗糙度。

聚晶金刚石（PCD）是由金刚石微粉、结合剂和催化剂在高温、高压下制成的超硬材料。PCD 刀片是将 PCD 刀尖焊接在硬质合金基体上制成的。PCD 刀具最有效的用途是加工过共晶铝合金（硅的质量分数超过 12.6%）。PCD 刀具的切削刃能长久保持锋利，超过了其他刀具材料。此外，PCD 刀具适用于高速切削。

聚晶立方氮化硼（PCBN）的硬度仅次于 PCD。市场供应的 PCBN 刀片有多种结构形式，如焊接式 PCBN 刀片（将或大或小的 PCBN 刀尖焊接在硬质合金刀片上）、整体 PCBN 刀片、采用硬质合金基体的全加工面 PCBN 刀片等。PCBN 刀片牌号通常用于淬硬钢、工具钢、高速工具钢（45~60HRC）、灰铸铁、冷硬铸铁以及粉末冶金材料的精镗加工。PCBN 的一个独特性能是其室温硬度与切削时的高温硬度基本相同，这就使 PCBN 刀具在高速加工中可获得比加工相同工件的其他类型刀具更长的刀具寿命。

5. 镗刀片型号

用于钢制镗刀杆的镗刀片型号有：CNMG332、CNMG432 和 CNMG542；DNMG332 和 DNMG442；SNMG432；TNMG332 和 TNMG432；VNMG332 和 VNMG432；WNMG332 和 WNMG432。

镗刀片的主要几何角度有前角、刃倾角和余偏角。前角和刃倾角为负值，典型的前角值为 $-6°$；刃倾角根据刀片形状的不同，在 $-16°$~$-10°$ 之间取值；余偏角与刀片形状有关：CNMG 和 WNMG 为 $-5°$，DNMG 和 VNMG 为 $-3°$，TNMG 为 $-1°$，SNMG 为 15°。

用户通过对刀片材料及几何参数、刀杆材料及切削力进行认真权衡和优选，就会使镗刀的挠曲减至最小，加工出符合要求的孔。

复习思考题

1. 磨外圆时的切削运动有哪些？
2. 平面磨床由哪几部分组成？各部分有何作用？

3. 磨床为什么要选择液压传动？磨床工作台的往复运动是如何实现的？

4. 如何修整砂轮？砂轮在安装前要注意哪些事项？

5. 磨外圆的方法有哪几种？各有什么特点？

6. 平面磨削常用方法有哪几种？如何选用？

7. 镗削的特点是什么？

8. 镗床主要有哪几种？在镗床上镗孔与在车床上镗孔有什么不同？

第八章 钳 工

第一节 概 述

钳工在机械制造业中具有相当重要的位置，适用范围广，不仅适用于机械加工，而且在机械设备装配、维修中具有重要地位。

钳工大多是手工操作，劳动强度大，生产率低，操作技能要求高，但具有所用工具简单、加工灵活、操作方便、适应性强等特点，可以完成机械加工中不便或无法完成的工作。钳工的主要应用有：

1）加工前工件准备，如清理毛坯、工件划线等。

2）单件或小批量零件生产。

3）精密零件修整，如刮削或研磨量具的配合表面。

4）装配、调试和维修机械。

钳工是冷加工的重要工种之一，是手持工具来完成工件的加工、装配、调整和修理等工作的操作。其基本操作有划线、錾削、锯削、锉削、钻孔、扩孔、铰孔、锪孔、攻螺纹、套螺纹、刮研和装配等。

钳工工作场地的主要工具和设备包括钳工工作台、台虎钳、砂轮和钻床。

钳工工作台（简称钳台）是钳工的专用工作台，要求稳固，一般由坚实杂木做成，台面距离地面高度 800~900mm，台虎钳固定在台面上，高度正好便于操作。实习中一般在钳台上安装 4 台台虎钳，为了安全，台面应设有防护网。钳台抽屉用于放置工具，如直角尺、手锯、锉刀、锤子等。

台虎钳（图 8-1）牢靠地固定在钳台上，用于夹持工件，其规格以钳口宽度表示，常用的有 100mm、125mm、150mm、200mm 等。使用台虎钳夹紧工件时，直接转动台虎钳的手柄，切勿用套管接长或敲击手柄，以免损坏台虎钳；锤击工件时，只能在固定钳身上敲击，其他部位不能敲打，以免破坏台虎钳。使用时注意手柄为活动件，谨防放松时夹到手。

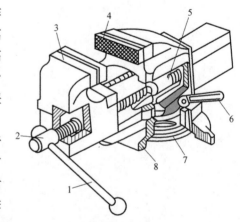

图 8-1 台虎钳

1—手柄 2—丝杠 3—活动钳口
4—固定钳口 5—螺母 6—夹紧手柄
7—夹紧盘 8—底座

砂轮机用来磨钻头、錾子、刮刀等刀具或其他工具，还可以用来去毛刺等。

钻床用来完成钳工的钻孔、扩孔和铰孔等工作，主要有台式钻床、立式钻床和摇臂钻床。

随着机械制造技术的发展，钳工工艺也在不断改进，钳工操作、钳工工具机械化程度不断地提高，以减轻其劳动强度、提高劳动生产率。

钳工实习是学生金工实习中最为基础的一部分，通过实践操作，初步接触钳工生产的工作性质，掌握钳工的工作范围，为后续学习提供感性认识，为生产管理积累实践经验。

学生的实习过程以独立操作为主，以示范讲解和现场教学为辅，通过学生亲自动手加工工件和装配工件来提高动手能力和独立工作的能力。

钳工实习的要求如下：

1）人身安全是实习的最根本要求，实习过程中应自觉遵守钳工的安全技术规则和劳动纪律。

2）掌握钳工作业的基本操作，了解所用设备和工具，完成一般零件的钳工加工任务。

3）对零件的加工工艺过程有一定的了解，能够安排一般零件的钳工加工顺序。

4）了解机械制造中钳工的有关文件和技术资料。

第二节　划　　线

划线就是根据图样或实物，在毛坯或半成品上划出加工尺寸界线的操作过程。划线是一项复杂、细致的工作，直接关系到产品的质量。划线的总体要求是：尺寸准确、位置正确、线条清晰、冲眼均匀。划线精度一般在 0.25~0.5mm 之间。

一、划线的作用

1）在待加工件上确定加工余量、加工位置或工件安装时的找正线，作为工件加工和安装的依据。

2）通过划线检查毛坯的形状和尺寸是否符合图样要求，避免不合格的毛坯投入加工而造成浪费。

3）合理地分配各加工表面的余量，从而保证少出或不出废品。

二、划线工具及使用

1. 基准工具

平板（图 8-2）是用以检验、划线的平面基准工具。平板一般由铸铁制成，经时效处理。上平面为划线的基准平面，因此要求平直和光洁。平板安放应稳固，上面应保持水平，以便稳定地支承工件。平板各处应均匀使用，不准敲击和碰撞，并保持表面清洁，长期不用应涂油防锈并用木板护盖。

2. 支承工具

常用的支承工具主要有：V 形铁、方箱和千斤顶。

（1）V 形铁　V 形铁（图 8-3）用于支承圆柱形工件，使工件轴线与平板平行，以便划出中心线。

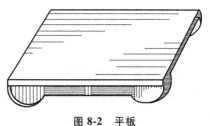

图 8-2　平板

（2）方箱　方箱（图 8-4）用于夹持尺寸较小而加工面多的工件，能根据需要转换位置进行划线。它是由铸铁制成的空心立方体。通过在平板上翻转方箱，就可以在工件的表面上划出相互垂直的线来。

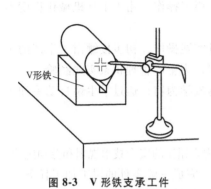

图 8-3　V 形铁支承工件

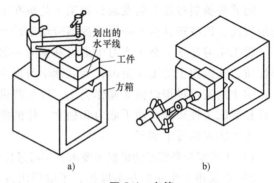

图 8-4　方箱

a）划水平线　b）翻转 90°划垂直线

（3）千斤顶　千斤顶（图 8-5）用于在平板上支承和找正工件，其高度可以调整，一般三个为一组。可用于不规则或较大的工件划线。

3. 划线工具

（1）划针　划针（图 8-6a、b）用于在工件表面上划线，常用 $\phi 3 \sim \phi 6mm$ 工具钢或弹簧钢制成，尖端磨成 15°～20° 的尖角，并经淬火。使用方法如图 8-6c 所示。

（2）划卡　划卡用于确定轴和孔的中心位置，也可用于划平行线。具体使用方法如图 8-7 所示。

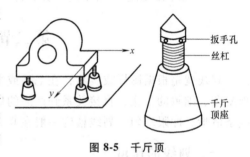

图 8-5　千斤顶

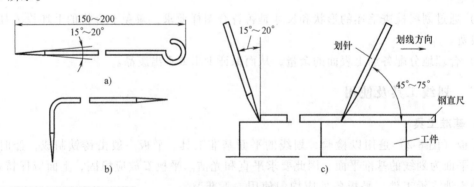

图 8-6　划针及划线方法

a）直划针　b）弯头划针　c）划线

（3）划规　划规（图 8-8）与圆规类似，一般由碳素钢制成，两脚经过淬火或在两脚镶上硬质合金使耐磨性更好。划规是平面划线作圆的主要工具，用于划圆、弧线、等分线段及量取尺寸等。

（4）划针盘　划针盘（图 8-9）是在平台上进行划线和找正的主要工具。调整夹紧螺

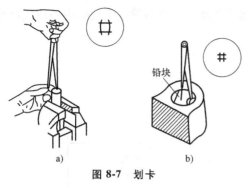

图 8-7 划卡

a）定心轴 b）定孔中心

图 8-8 划规

母，可将划针固定在立柱的任何位置。划针直头用来划线，弯头用来找正工件位置。

（5）样冲 样冲（图 8-10）用于在工件表面所划好的线上打样冲眼，以强化显示划线标记和便于钻头定位。

（6）游标高度卡尺 游标高度卡尺（图 8-11）是划针盘与高度尺的组合，是一种精密工具，主要用于半成品的划线，不允许在毛坯上划线，以免把划角的硬质合金碰坏。

（7）直角尺 直角尺常用作划垂直线或平行线的导向工具，还可以用于找正工件的垂直位置。直角尺两条直角边相互垂直，由中碳钢制成，两条直角边经过磨削或研磨。

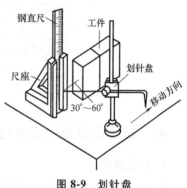

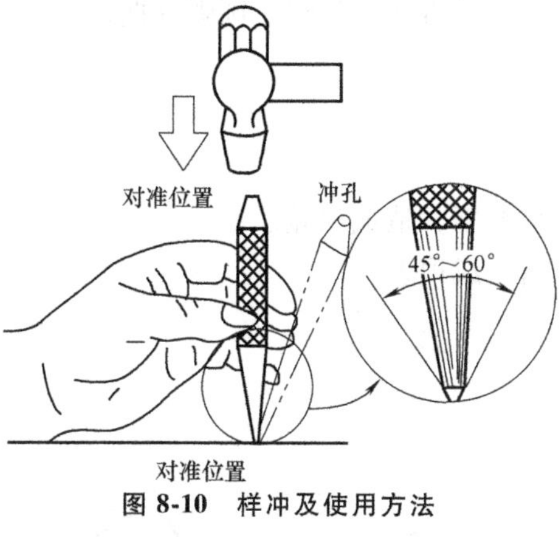

图 8-9 划针盘

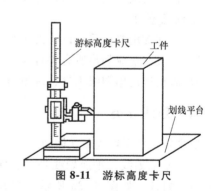

图 8-10 样冲及使用方法

图 8-11 游标高度卡尺

三、划线涂料

常用的划线涂料有白灰浆、紫溶液和硫酸铜等。划线前在工件表面上应先涂上一层薄而均匀的涂料，目的是使划出的线条清晰可见。

四、划线基准

划线时在工件上选择一个或几个点、线、面作为划线依据，用以确定工件的几何形状和各部分的相对位置，这样的点、线、面称为划线基准。一般可选重要孔的中心线或已加工表面作为划线基准（图 8-12）。基准选择一般有：

1）以两个互相垂直的中心平面为基准。

2）以两个互相垂直的平面为基准。

3）以一个平面与一个中心平面为基准。

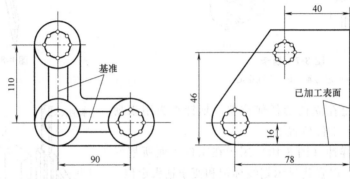

图 8-12　划线基准

五、划线步骤及注意事项

1. 划线步骤

1）仔细研究图样，确定划线基准。

2）检查毛坯，确定毛坯是否合格，是否需借料。

3）清除毛坯表面毛刺和污物，并涂以适当的涂料。

4）支承及找正工件后先划基准线，再划水平线、垂直线、斜线、圆弧和曲线。

5）检查划线正确无误后再打样冲眼。

2. 注意事项

1）工件支承要稳妥，以防滑或移动。

2）一次支承应划出所有平行线，避免再次支承补划，造成误差。

3）需正确使用划线工件，避免因工件使用不当造成误差。

六、划线分类

划线分为平面划线和立体划线。

（1）平面划线　平面划线是在工件的一个表面上划线，如图 8-13a 所示。其方法类似平面几何作图，即在工件的表面按图样要求划出点和线。批量大的工件可用样板进行划线。

（2）立体划线　立体划线是指在工件的长、宽、高三个方向上划线，如图 8-13b 所示，是平面划线的综合应用。图 8-14 为立体划线示例。

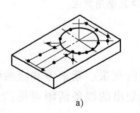
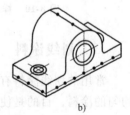

图 8-13　划线基准

a）平面划线　b）立体划线

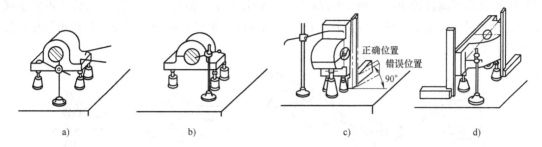

图 8-14　立体划线示例

a）找正　b）划出各水平线　c）翻转 90°划线　d）翻转 90°划线

第三节　錾　削

用锤子敲击錾子对金属进行切削加工的操作称为錾削。錾削可用于加工平面、沟槽、切断、分割及清理铸锻件毛坯上的毛刺和飞边等。每次錾削的金属层厚度为 0.5~2mm，錾削效率低，随着机械设备发展，錾削使用已经越来越少。

一、錾削工具

錾削工具主要是錾子和锤子。

1. 錾子

錾子一般用碳素工具钢制造，切削部分呈楔形且需淬硬。常用的錾子有平錾、槽錾及油槽錾（图 8-15）。錾子的楔角 β_0（图 8-16）对錾削有较大的影响，楔角 β_0 越大，则刃口钝而强度好。在保证强度足够的前提下，楔角 β_0 应取小值。一般錾硬材料时，楔角取 60°~70°；錾中等硬度材料时，楔角取 50°~60°；錾软材料时，楔角取 30°~50°。

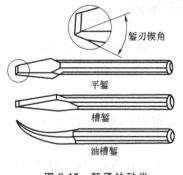

图 8-15　錾子的种类

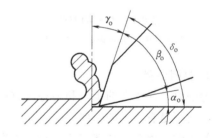

图 8-16　錾削时的角度

2. 锤子

锤子是钳工的重要工具，锤头是用碳素工具钢淬硬制成的。锤子的规格用锤头的重量表示，常用的为 0.5kg。锤柄长约 300mm，将锤头装入锤柄后用斜铁楔紧。

二、錾削过程

錾削过程分为起錾、錾削和錾出三个阶段。起錾时，錾子尽可能地向右倾斜约 45°，从工件尖角处向下倾斜约30°，如图8-17a所示，轻打錾子，便易切入工件，然后按正常錾削角度进行錾削。快要錾出时，应调转工件，反向轻轻錾掉剩余部分，以免工件棱角损坏，如图8-17b所示。

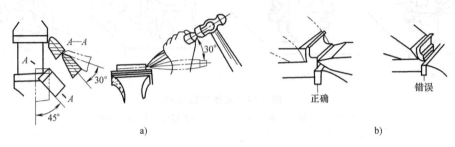

图 8-17　起錾和錾出

a）起錾　b）錾出

三、錾削的基本操作

1. 錾子和锤子的握法

錾子的握法随工作条件不同而不同，一般有正握法、反握法和立握法三种（图8-18）。握时錾子顶部要露出20~25mm。正握法适用于在平面上錾削，反握法适用于小平面或侧面錾削，立握法适用于垂直錾切工件，如在铁砧上錾断材料等。

锤子的握法（图8-19）是拇指与食指握住锤柄，其余三指稍有自然松动，锤柄露出18~20mm。

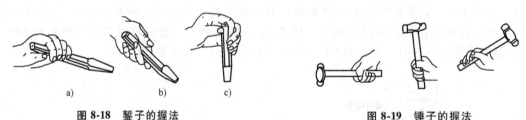

图 8-18　錾子的握法

a）正握法　b）反握法　c）立握法

图 8-19　锤子的握法

2. 錾削姿势

錾削时，操作者的步位和姿势应方便用力，身体的重心偏向右腿，挥锤自然，眼睛正视錾刃，而不是看錾子的头部。

錾削时，锤头、柄部和錾子头部不准有油，以免锤击时滑脱伤人；及时修复松动的锤头和錾子头部的卷边；切屑的飞出方向不准站人。

四、錾削方法

1. 錾平面

较窄平面一般用平錾进行錾削，每次錾削的厚度为0.5~2mm。錾削时，切削刃应与錾削方向成一定角度，使錾子与工件有较多的接触面，以便握稳錾子，且使所錾平面较平整。

宽平面的錾削，一般先用槽錾间隔开槽，再用平錾錾平剩余部分，如图8-20所示。

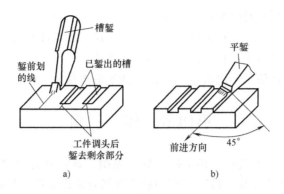

图 8-20 錾宽平面

a）先开槽 b）錾成平面

2. 錾沟槽

錾沟槽时应选用与沟槽宽度相同的槽錾錾削，如图 8-21 所示。錾削后用刮刀和砂布修光。

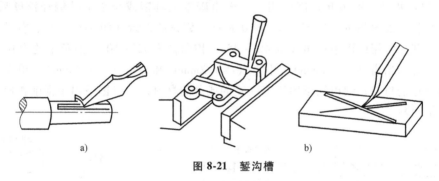

图 8-21 錾沟槽

3. 錾断

薄板料（厚度小于 4mm）和小直径棒料（直径小于 13mm）可在台虎钳上用扁錾进行錾断，如图 8-22a、b 所示。

较长或大型板料可以在铁砧上进行錾断，如图 8-22c 所示。

形状较复杂的板料进行錾断时，一般先在工件轮廓的周围钻出密集的排孔，然后再錾断。对于曲线和圆弧形状的轮廓，宜用窄錾錾切；直线形状的轮廓，宜用扁錾錾切。

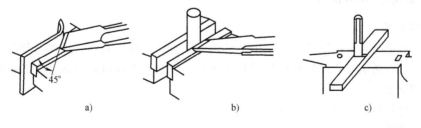

图 8-22 錾断

五、錾削时的注意事项

1）錾削时，工件应夹持牢固，必须在有安全网的工作台上进行，以免錾削伤人。

2）錾子头部的毛刺要及时磨掉，以免伤手。

3）锤子的锤柄松动或楔子振掉要及时修复或更换，以免锤头飞出发生事故。

4）錾削过程中不要用手触摸工件，以免割伤手指。

5）錾削操作中握锤的手不准戴手套，以免锤子滑出伤人。

第四节 锯 削

用手锯锯断金属材料或进行切槽的操作称为锯削。锯削具有方便、简单和灵活的特点，在单件小批量生产及切割异形工件、开槽和修整等场合应用很广。但锯削加工精度低，常需进一步加工。

一、锯削工具及选用

锯削是用手锯完成的。手锯由锯弓和锯条组成。锯弓拉紧和夹持锯条，分为固定式和可调式（图8-23）两种。锯条起切削作用，一般由碳素工具钢或合金工具钢经淬硬后制成。常用锯条的规格为长300mm、宽12mm、厚0.8mm。锯条的锯齿（图8-24）左、右错开，排列成一定的形状。常用的锯条后角 α 为40°~45°，楔角 β 为45°~50°，前角 γ 约为0°。锯条按齿距的大小分为粗齿（$t=1.6$mm）、中齿（$t=1.2$mm）和细齿（$t=0.8$mm）。粗齿锯条用于锯削软的或厚的材料；细齿锯条用于锯削硬的或薄的材料；中齿锯条用于锯削普通钢、铁及厚度适中的材料。

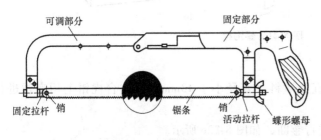

图 8-23　可调式锯弓

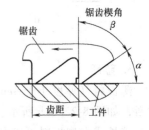

图 8-24　锯齿

二、锯削的基本操作

1. 工件夹持

工件尽可能夹在台虎钳左边，惯用左手的人，夹在台虎钳右边，以便于操作。锯切线应与钳口垂直，以防锯斜；锯切线应尽量靠近钳口，以防止锯削时颤动而使锯条折断。

2. 选择锯条

根据工件材料的硬度和厚度选择锯条。

3. 安装锯条

手锯向前推时进行切削，向后返回时不起切削作用。因此，锯条的锯齿朝前安装在锯弓上，以保证前推时进行切削，同时锯条的安装松紧要适当，否则容易折断锯条。

4. 起锯

起锯时，右手握稳把手，左手拇指靠住锯条，起锯角度应小于15°，如图8-25a所示。

锯弓往复行程应短，压力要轻，锯条要与工件表面垂直，如图 8-25b 所示。开出锯口后，应逐渐将锯弓引至水平方向。

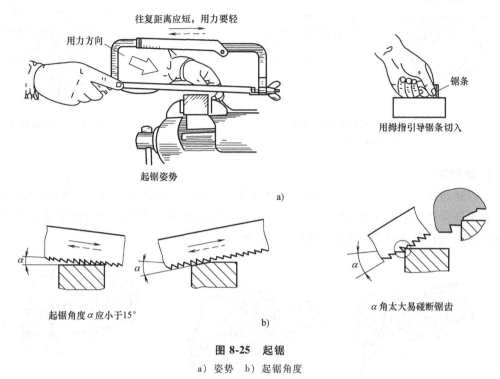

往复距离应短，用力要轻

用力方向

锯条

用拇指引导锯条切入

起锯姿势

a)

起锯角度 α 应小于15°

α 角太大易碰断锯齿

b)

图 8-25　起锯

a）姿势　b）起锯角度

5. 锯削动作

锯弓应直线往复，不得左右摆动，前推时均匀加压，返回时在工件上轻轻滑过。锯削速度不宜过快，应控制在 20~40 次/min 之间，以免锯条发热而加剧磨损。锯削时应保持锯条全长的 2/3 锯削。

锯削钢料时，应加机油润滑，以提高锯条的使用寿命。工件快锯断时，用力应轻，一般要用左手扶住工件将要断开部分，以免落下伤脚。

三、锯削方法

锯削根据不同的材料及材料的形状采用不同的锯削方法。

1. 锯削型钢

锯削角钢时，锯齿应顺工件棱角，且顺表面向下锯削。第一面锯透后，将角钢转动再锯另一面；锯削扁钢时，应从较宽的面下锯；槽钢应变换三个方向下锯，这样锯缝较浅，锯条不易被卡住。

2. 锯削圆管

锯削薄壁圆管时，应将其夹持在 V 形木板之间，以防夹偏或夹坏表面。锯削时，不能从一个方向锯到底，如图 8-26b 所示，而应顺锯条推进方向多次变换锯削方向，每一个方向只能锯到圆管的内壁处，直至锯断为止，如图 8-26a 所示。

3. 锯削薄板

锯削薄板时，应将其夹持在两木板之间，固定在台虎钳上，以防振动和变形。锯削方法如图 8-27 所示。

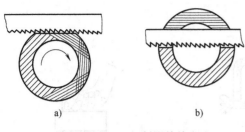

图 8-26 锯削圆管的方法
a）正确 b）不正确

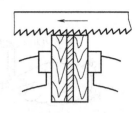

图 8-27 锯削薄板

4. 锯削深缝

当锯缝的深度超过锯弓的高度时，如图 8-28a 所示，应将锯条转过 90°重新安装，把锯弓转到工件旁边，如图 8-28b 所示，当锯弓横过来的高度仍不够时，也可将锯条转过 180°，使其锯齿安装在锯弓内进行切削，如图 8-28c 所示。

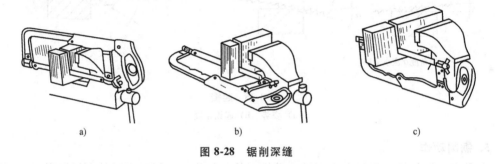

图 8-28 锯削深缝

四、锯削安全注意事项

1）锯削起锯后应将左手轻扶在弓架前段，谨防将左手放在台虎钳上，被手锯锯伤。

2）锯削过程动作要平稳，压力不宜过大，速度要适中，特别是在卡锯时不要强行推锯，以免锯条折断伤人。

3）工件快断时，注意控制手锯，防止工件掉落伤手、伤脚。

第五节 锉　削

用锉刀对工件表面进行切削加工的操作称为锉削。它是钳工最基本的操作，多用于锯削或錾削之后，常用于零部件的装配与加工。锉削加工简便，工作范围广，可用于加工平面、曲面、沟槽和各种复杂表面，也可用于装配时的工件修整。锉削的尺寸精度可达 IT7 ~ IT8，表面粗糙度 Ra 值可达 0.8μm。

一、锉刀及其使用

1. 锉刀的构造

锉刀（图 8-29）是由碳素工具钢经淬硬制成的，硬度达 62 ~ 67HRC。其规格以工作部

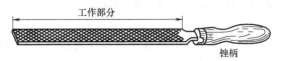

图 8-29　锉刀的构造

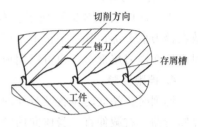

图 8-30　锉齿

分 的 长 度 表 示，一般 有 100mm、150mm、200mm、250mm、300mm、350mm 和 400mm 七种。锉刀的锉齿是在剁锉机上剁出的，交叉排列，构成刀齿，形成存屑槽，如图 8-30 所示。

锉刀的锉纹有单纹和双纹两种，一般制成双纹，以便锉屑断碎，锉面不易堵塞，且省力。单纹锉刀一般用于锉削铝等软材料。

锉刀按每 10mm 长的锉面上锉齿的齿数分为粗锉、细锉和油光锉三种。粗锉（4~12 齿）用于粗加工或锉铜、铝等有色金属；细锉（13~24 齿）用于锉光表面或锉硬金属；油光锉（30~40 齿）用于精加工时修光表面。

2. 锉刀的种类

锉刀按用途可分为钳工锉、整形锉和特种锉三种。钳工锉适用于一般工件表面的锉削，通常按其截面形状的不同分为平锉、方锉、圆锉、半圆锉、三角锉等，如图 8-31 所示。整形锉适用于精加工及修整工件上细小部位和精密工件（如样板、模具等）的加工，一般 5~12 支一组。特种锉适用于工件的各种特殊表面的加工。

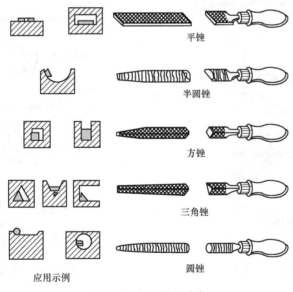

图 8-31　钳工锉的种类

二、锉削的基本操作

1. 锉刀的选用

根据工件形状和加工面的大小选择锉刀的形状和规格；根据金属材料的硬度、加工余量的大小、工件表面粗糙度的要求选择锉刀锉齿的粗细。

2. 工件装夹

工件应夹紧在台虎钳钳口的中部，并略高于钳口。对已加工表面或易变形和不便直接装夹的工件，可在钳口垫以铜片或铝片。

3. 锉刀的握法

锉刀的握法如图 8-32 所示。右手紧握锉刀手柄，柄端抵在拇指根部的手掌上，大拇指放在锉刀柄上部，其余手指由下而上握着锉刀柄；左手根据不同锉刀及力度可以用拇指根部肌肉压在锉刀尾部上，也可以用拇指和食指夹住锉刀尾部等方法。

4. 锉削姿势

锉削时，站立的位置及身体的运动要自然，并便于用力，以适应不同的加工要求。一般左腿弯曲，右腿伸直，身体向前倾斜，重心落在左腿上。

5. 锉削用力

锉削时用力要得当（图 8-33）。锉削过程中始终保持水平是关键，否则工件就会出现两边低中间高。锉削过程中锉刀相当于杠杆，工件相当于支点，为保持水平应使两手压力相对于工件中心的力矩相等。因此，锉削过程中两手压力应逐渐变化。锉刀前推时加压；返回时不要紧压工件，以免磨钝锉齿和损伤加工面。

锉削时，不能用锉刀锉毛坯硬皮、氧化皮、硬度高的工件，毛坯表面要用侧刃锉削。锉刀齿面塞积切屑后，用钢丝刷顺着锉纹方向刷去锉屑。

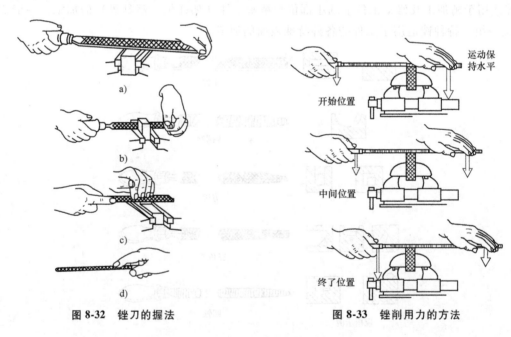

图 8-32　锉刀的握法　　　　　图 8-33　锉削用力的方法

三、锉削方法

1. 锉削平面

粗锉时采用交叉锉法去屑快，如图 8-34b 所示，且易根据锉痕判断加工面是否平整。待平面基本锉平后，采用顺锉法，如图 8-34a 所示，降低加工面的表面粗糙度值，并获得直锉纹。最后用细锉或油光锉以推锉法修光,如图 8-34c 所示。

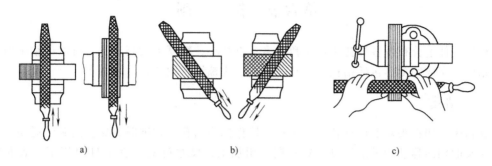

图 8-34 锉削方法

a)顺锉法 b)交叉锉法 c)推锉法

锉削时,工件的尺寸可用钢直尺或卡尺(卡钳)检验。工件表面的平面度和垂直度可用如图 8-35 所示的透光法检查。

2. 锉削外圆弧面、内圆弧面

锉削外圆弧面时,锉刀的运动为前推运动和绕工件圆弧中心摆动。常用的操作是顺着圆弧面的滚锉法和横着圆弧面的横锉法,如图 8-36 所示。

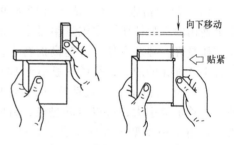

图 8-35 检查平面度和垂直度

锉削内圆弧面时,锉刀的运动为前推运动、左右移动和绕自身轴线的转动(图 8-37)。

外、内圆弧面锉好后,可用样板检查。

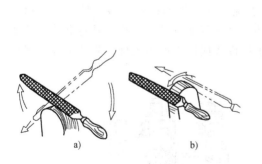

图 8-36 外圆弧面锉削

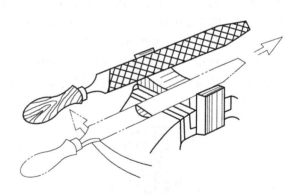

图 8-37 内圆弧面锉削

四、锉削安全注意事项

1)不准使用无柄锉刀锉削,以免被锉舌戳伤。

2)不准用嘴吹锉屑,以防锉屑飞入眼中。

3)不许用锉刀作为敲打工具使用,以免锉刀断裂。

4)放置锉刀要按规定摆放,防止锉刀掉地折断或碰伤脚。

第六节 钻 削

机械零件上分布着各种孔，对于数量多、直径小、精度不太高的孔，可以用钻床加工出来。钻床能完成的工作包括钻孔、扩孔、铰孔、攻螺纹、锪孔和锪端面等。

一、钻孔

在钻床上用钻头对实体材料加工出孔的操作称为钻孔。钻削时，钻头的旋转运动为主运动，钻头的轴向移动为进给运动。钻孔属于粗加工，尺寸精度一般在 IT10 以下，表面粗糙度值 Ra 大于 $12.5\mu m$。

1. 钻床

钻床的种类较多，常用的有台式钻床、立式钻床和摇臂钻床三种。

（1）台式钻床 台式钻床（图 8-38）是放在台桌上使用的小型钻床，主轴进给是手动的。台式钻床具有质量轻、移动方便、转速高的特点，适用于小型工件上各种孔的加工，孔径一般小于 12mm。

（2）立式钻床 立式钻床（图 8-39）的主轴转速和进给量范围大，可以自动进给，且刚性好、功率大，适用于中小型工件的钻孔、扩孔、铰孔、锪孔、攻螺纹等多种加工。立式钻床的主轴对于工作台的位置是固定的，加工时需要移动工件，因此不便对大型或多孔工件进行加工，适用于单件或小批量生产的中、小工件加工。立式钻床的规格用最大钻孔直径来表示，常用的有 25mm、35mm、40mm 和 50mm 等。

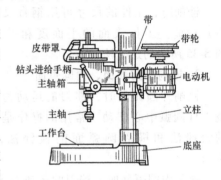

图 8-38 台式钻床

（3）摇臂钻床 摇臂钻床（图 8-40）有一个能绕立柱回转的摇臂，摇臂带动主轴箱可沿立柱垂直移动，主轴箱还能在摇臂上做横向移动。这样就能方便地调整刀具对准被加工孔的中心，而不需移动工件。因此，摇臂钻床适用于单件或成批生产中大型、复杂工件或多孔工件的加工。

图 8-39 立式钻床

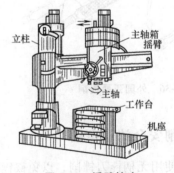

图 8-40 摇臂钻床

2. 麻花钻

麻花钻是最常用的钻孔刀具，一般用高速工具钢制成，由柄部、颈部和工作部分（切削部分和导向部分）组成。其构造如图 8-41 所示。

麻花钻的切削部分（图 8-42）有两个对称的切削刃，其之间的夹角称为顶角（116°～118°）。钻头顶部有横刃，为减少钻削时的轴向力，大直径钻头常采取修磨的办法使横刃缩短。导向部分有两条刃带和螺旋槽，起导向、排屑和修光孔壁的作用。柄部是钻头的夹持部分，起传递动力的作用，有直柄和锥柄两种，直柄用在直径小于 12mm 的钻头，直径大于 12mm 的钻头多用锥柄。颈部是工艺结构，是钻头打标记的地方。

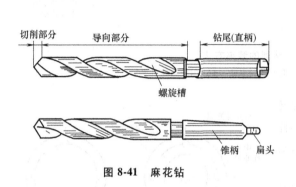

图 8-41 麻花钻

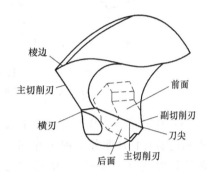

图 8-42 麻花钻的切削部分

3. 钻孔的基本操作

（1）钻头夹具 常用的钻头夹具有钻夹头和钻套。钻夹头（图 8-43）适用于装夹直柄钻头。在其夹头的三个斜孔中装有带螺纹的夹爪并与夹头套筒的螺纹相啮合，旋转套筒，就可使夹爪开合，装卸钻头。钻夹头柄部是圆锥面，与钻床主轴内锥孔配合安装。过渡套筒（图 8-44）适用于装夹锥柄钻头。大尺寸锥柄钻头可直接装入钻床主轴锥孔内，小尺寸则要选择合适的过渡套筒进行安装。卸下钻头时，需通过铁砧打出，不能直接敲击钻头。

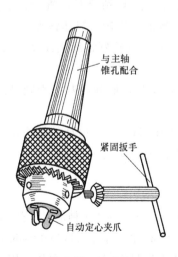

图 8-43 钻夹头

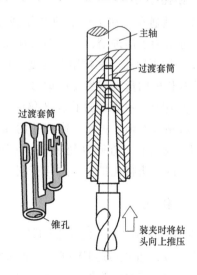

图 8-44 过渡套筒

（2）工件夹具 常用的工件夹具有平口虎钳、V 形铁和压板等。钻削时，工件必须牢固地装夹在夹具或工作台上。一般根据钻孔直径和工件的形状来选择工件夹具。钻削的装夹方法如图 8-45 所示。

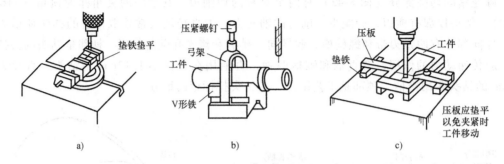

图 8-45　钻削的装夹方法

a）用平口虎钳装夹　b）用 V 形铁装夹　c）用压板螺栓装夹

（3）钻孔准备工作　工件上的孔径圆及检查圆均需打样冲眼作为加工界线，中心样冲眼应打大些（图 8-46）。钻孔时先用钻头在孔的中心锪孔，并查看是否同心。

钻孔时，操作者的衣袖要扎紧，严禁戴手套或手抓棉花头操作；应在钻床停机时进行变速和更换钻头。不要在主轴停转前用手抓钻夹头；不准用手拉或嘴吹切屑，以防切屑伤手或伤眼；要在停机后用钩子或刷子清除。

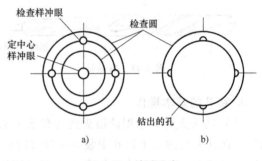

图 8-46　钻孔准备

a）钻孔前　b）钻孔后

4. 钻孔方法

（1）钻通孔　在工件下放垫铁或钻头对准工作台空槽。孔将钻透时，进给量要减小，变自动进给为手动进给，避免钻头在钻透的瞬间抖动，影响加工质量，损坏钻头。

（2）钻不通孔　掌握钻孔深度。控制钻孔深度的方法有：调整好钻床上深度标尺挡块；安装控制长度的量具或划线做记号。

（3）深孔　孔深超过孔径 3 倍时称为深孔。钻削时要及时排屑和冷却，否则易造成切屑堵塞或钻头磨损、折断，影响孔的加工质量。

（4）钻大孔　直径 D 超过 30mm 的孔应分两次钻。先用（0.5~0.7）D 的钻头钻，再用所需直径的钻头将孔扩大。这样有利于分担钻头负荷和提高钻孔质量。

二、扩孔

用扩孔刀具对工件上已有的孔进行扩大孔径的操作称为扩孔。扩孔属于半精加工，能校正孔的轴线偏差，尺寸精度可达 IT9~IT10，表面粗糙度 Ra 值可达 3.2μm。扩孔加工余量为 0.5~4mm。

一般用麻花钻作为扩孔刀具。但在扩孔精度要求高或大批量生产时，应采用专用的扩孔钻。扩孔钻（图 8-47a）的形状与麻花钻相似，不同的是扩孔钻有 3~4 个切削刃，螺旋槽较浅，没有横刃，因此钻芯粗实、刚性好、导向性能好、切削平稳，能提高孔的加工质量。图 8-47b 所示为扩孔。

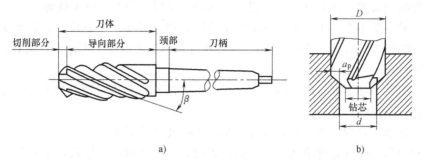

图 8-47 扩孔钻及扩孔

a）扩孔钻 b）扩孔

三、铰孔

用铰刀对已经粗加工或半精加工的孔进行精加工的操作称为铰孔。其尺寸精度可达 IT6~IT7，表面粗糙度 Ra 值为 $0.8\mu m$。

铰刀是用于铰削的刀具，如图 8-48a 所示，分为手用铰刀（多为直柄）和机用铰刀（多为锥柄、刀体较短）两种。铰刀是多刃刀具，有 6~12 个切削刃，多为偶数，且切削刃前角为零，并有较长的修光部分，因此加工精度高，表面粗糙度值低。

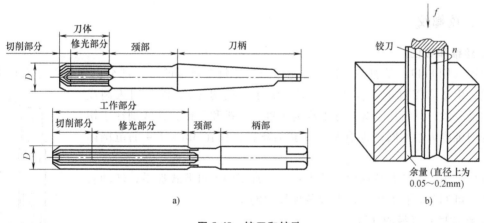

图 8-48 铰刀和铰孔

a）铰刀 b）铰孔

铰孔（图 8-48b）的加工余量很小（粗铰 $0.15~0.5mm$，精铰 $0.05~0.25mm$），切削速度低（粗铰 $4~10mm/min$，精铰 $1.5~5mm/min$），并使用切削液。

机用铰刀的安装，可选择适当的锥形钻头套筒，直接安装在机床主轴上。

四、钻削安全注意事项

1）操作钻床时禁止戴手套、围巾，袖口必须扎紧，长头发者必须戴安全帽，将头发盘到帽内。

2）开机前，应确保将主轴上的钻夹头钥匙或斜铁取下。

3）工件必须夹紧，注意有些台虎钳可以移动，使用要注意，避免砸脚。

4）钻孔时不能用手、布、棉纱或嘴吹来清除切屑，必须用毛刷清除；钻头上绕有长铁屑时，要停机清除，禁止用口吹、手拉，应使用毛刷或铁钩清除。需注意：通孔快透时，应尽量减小进给力。

5）操作者的头部不准与旋转的主轴靠得太近。停机时要让主轴自然停转，不可用手刹住，也不能用反转制动。

6）禁止在加工过程中改变主轴转速、装拆工件及检验工件。

7）自动进给，要选好进给速度，调好行程限位。手动进给一般按逐渐增压和减压的原则进行，以免用力过猛造成事故。

8）钻通孔时，要使钻头通过工作台面上的让刀孔，或在工件下面上垫铁，以免损伤工作台表面。

9）设备运转时，不得擅自离开，加工完成后需切断电源，做好卫生，给各润滑点加润滑油。

第七节　攻螺纹与套螺纹

用丝锥在孔壁上加工出内螺纹的操作称为攻螺纹；用板牙在圆柱面上加工出外螺纹的操作称为套螺纹。

一、攻螺纹

1. 丝锥和铰杠

丝锥（图 8-49）是加工内螺纹的专用刀具，每个丝锥的工作部分由切削部分和校准部分组成，用碳素工具钢或合金工具钢经滚牙（或切牙）、淬火回火制成的。丝锥一般三只组成一套，分别称为头锥、二锥和三锥，其区别在于切削部分的锥度大小不同（也有两只一套的丝锥，仅在 M6～M24 的范围内应用）。

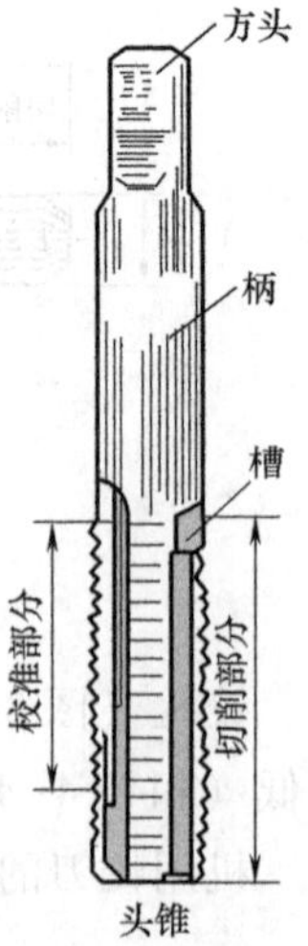

铰杠是用来夹持并转动丝锥的工具。最常用的为可调式扳手，转动右边手柄，可调节方孔的大小，夹持各种尺寸的丝锥。

2. 螺纹底孔直径的计算

攻螺纹前所钻底孔的直径要根据工件的塑性及钻孔余量来考虑。钻头的直径可按下面的经验公式计算（或查表）。

加工塑性材料，在中等余量的条件下　　　　　$D = d - P$

加工脆性材料，在较小余量的条件下　　　$D = d - (1.05 \sim 1.1)P$

式中　D——攻螺纹前，钻底孔的钻头直径（mm）；

　　　d——螺纹外径（mm）；

　　　P——螺距（mm）。

图 8-49　丝锥

攻不通孔螺纹时，丝锥不能攻到底，所以底孔的深度要大于螺纹长度，钻孔深度可按下式计算

$$钻孔深度 = 螺纹长度 + 0.7d$$

3. 攻螺纹的操作方法

先将头锥垂直地放入已倒角的工件孔内,双手均匀适当施压,顺时针方向旋入。当丝锥的切削部分切入工件后,则只转动而不施压,且每扳转半周或一周,应反转 1/4 周,以利断屑和排屑(图 8-50)。攻完头锥,再依次攻二、三锥,谨防乱牙。攻钢质材料时应加机油润滑,攻铸铁、铝质材料时,应加煤油润滑。

二、套螺纹

1. 板牙和板牙架

板牙是加工外螺纹的专用刀具,用合金工具钢或高速工具钢经淬火回火制成,分为固定式和可调式两种,如图 8-51 所示为开缝式可调板牙。板牙排屑孔的两端有 60° 锥角,起着主要的切削作用。中间部分为校准部分,是套螺纹的导向部分。定径部分起修光作用。板牙架是用来夹持板牙的工具(图 8-52)。

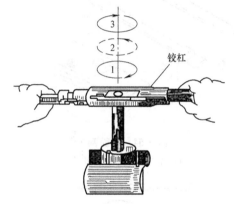

图 8-50 攻螺纹

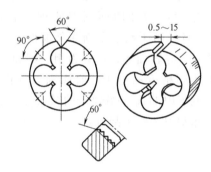

图 8-51 开缝式可调板牙

2. 套螺纹前圆杆直径的确定

套螺纹前,圆杆直径可按下面的经验公式计算(或查表确定)

$$D(圆杆直径) = d(螺纹大径) - 0.13P(螺距)$$

圆杆端部应做略小于螺纹小径的倒角,以使板牙容易对准工件中心,并容易套入。

3. 套螺纹的操作方法

将端部倒角的工件夹在台虎钳上,伸出部分要短而垂直。开始套螺纹(图 8-53)时,

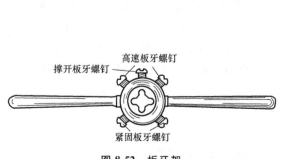

图 8-52 板牙架

图 8-53 套螺纹

板牙端面要与圆杆垂直。扳转板牙架时，稍加压力，套入几扣后就只转不施压，与攻螺纹相同，要经常反转使之断屑，所加切削液的选择方法与攻螺纹相同。

第八节　刮削与研磨

用刮刀在工件表面上刮去一层很薄金属的操作称为刮削。

刮削是钳工中的一种精密加工，刮削后的工件具有几何误差小、尺寸精度高、配合面接触精度好的特点，适用于零件上的配合滑动表面和有较高配合要求的表面加工，如机床导轨、滑动轴承、划线平台等。刮削后的表面粗糙度 Ra 值为 $1.6\mu m$ 以下。

一、刮削工具

刮刀是刮削的主要工具，一般是由碳素工具钢或弹性好的轴承钢锻造的。刮刀常用的有平面刮刀和曲面刮刀两种。平面刮刀（图 8-54）用于刮削平面和外曲面，如平板、工作台、导轨面等，可分为粗、细和精刮刀，用在不同精度的加工；曲面刮刀（图 8-55）用于刮削内曲面，如轴瓦的精加工，常用的有三角刮刀和蛇头刮刀。

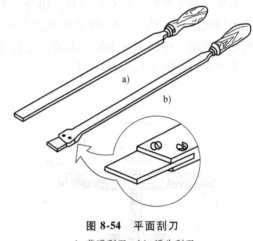

图 8-54　平面刮刀

a）普通刮刀　b）活头刮刀

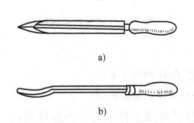

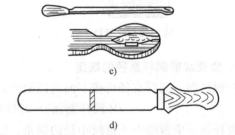

图 8-55　曲面刮刀

二、质量的检验

刮削质量是以研点法（图 8-56）来检验的。即将工件的刮削表面擦净，均匀地涂上一层很薄的红丹油，然后与校准工具（标准平板）稍施力配研。工件表面上的高点，在配研后被磨去红丹油而显示出亮点（贴合点）。刮削表面的精度是以 25mm×25mm 的面积内，均匀分布的贴合点的数量和分布疏密程度来表示。贴合点越多、越小，其刮削质量越好。

三、刮削方法

1. 平面刮削

平面刮削根据不同的加工要求，按粗刮、细刮、精刮和刮花进行。

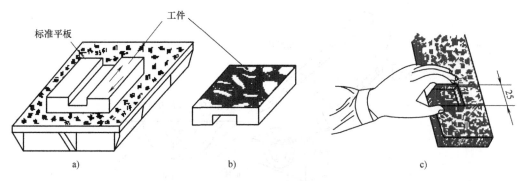

图 8-56　研点法

a）配研　b）显出的贴合点　c）精度检验

（1）粗刮　工件表面较粗糙时，应先粗刮。粗刮时使用长柄刮刀且施力。刮刀痕迹要连成片，不可重复。粗刮方向要与机械加工刀痕约成45°，各次刮削方向要交叉（图8-57）。机械加工刀痕刮除后，即可研贴合点，并在显示出的高点处刮削。依此进行，当工件表面上贴合点增至每25mm×25mm面积内有4~5个贴合点，可开始细刮。

（2）细刮　细刮时，使用较短的刮刀且施较小力。刮刀刀痕要短，且不连续，要朝同一个方向刮削。刮下一遍时，要与上一遍成45°或60°方向交叉刮削。依此进行，直到刮削面上每25mm×25mm面积内有12~15个贴合点时，才可进行精刮。

（3）精刮　精刮时，使用的精刮刀短而窄，刮削刀痕也要短且不连续。经反复刮削及研点，直到刮削面上每25mm×25mm面积内有20~25个贴合点。

（4）刮花　为了增加刮削表面的美观，保证良好的润滑，并借刀花的消失来判断平面的磨损程度，一般精刮后要刮花。常见花纹如图8-58所示。

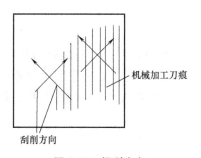

图 8-57　粗刮方向

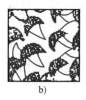

a）　　　　　　　b）　　　　　　　c）

图 8-58　刮花的花纹

a）斜纹花　b）龟鳞花　c）半月花

2. 曲面刮削

曲面刮削（图8-59）一般用于滑动轴承的轴瓦、衬套上，以获得良好的配合。

四、研磨

用研磨工具和研磨剂从工件已加工表面磨去极薄的加工痕迹的操作称为研磨，它是一种精密加工方法。加工表面的表面粗糙度 Ra 值为 $0.1~0.8\mu m$。

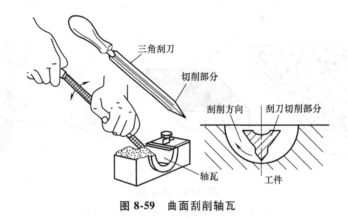

图 8-59　曲面刮削轴瓦

第九节　装　　配

将合格零件按装配工艺文件组装起来，并经调试成为合格产品的过程称为装配。装配是产品制造的最终工序，其质量好坏直接影响产品的性能和使用寿命。

一、装配工艺过程

1. 装配前的准备

研究产品装配图及技术要求，了解产品结构、零件的作用及相互连接关系，弄清零部件的工作表面和数量、重量及其装拆空间；确定装配方法、装配顺序；准备所需的装配工具；领取零件并对装配的零件进行清理、清洗（去油污、毛刺、锈蚀及污物）；涂防护润滑油；完成需要的修配工作。

2. 装配的组合形式

装配一般分为组件装配、部件装配和总装配。

组件装配是将若干个零件安装在基准零件上的装配过程，如减速箱的轴与齿轮的装配。部件装配是将若干个零件、组件安装在另一个基准零件上的装配过程，如机床的主轴箱装配。总装配是将若干个零件、组件及部件安装在产品的基准零件上构成产品的装配过程，如车床的各部件安装在床身上构成车床的装配。

3. 装配顺序

装配的一般顺序是：组件装配—部件装配—总装配—调整—试车—检验—包装。

4. 装配工艺方法

常用的装配工艺方法有完全互换法、分组装配法、修配法和调整法等。

（1）完全互换法　完全互换法是指装配时各个零件不需要进行任何选择、修配和调整就可以达到所规定的装配精度。该装配过程简单、生产率高，易更换零件，但对零件的加工精度要求高。一般适用于装配精度要求不高、产品批量较大的情况。

（2）分组装配法　分组装配法是指将零件的制造公差扩大，装配时按零件的实际尺寸大小顺序分组，然后对应各组进行装配，以达到规定的装配精度。一般适用于成批生产中的某些精密配合处。

（3）修配法　修配法是指将零件的制造公差扩大，装配时用钳工的修配方法，修去某配合件上的预留量，以达到规定的装配精度。一般适用于单件、小批量且装配精度要求较高的情况。

（4）调整法　调整法是指装配时调整一个或几个零件的位置，以达到规定的装配精度。其特点是可进行定期调整，易于保持和恢复配合精度，且零件的加工精度不高。一般适用于小批量生产或单件生产。

5. 装配自动化

装配自动化可以减轻劳动强度、提高生产率，其一般包括：给料自动化、传送自动化、装入自动化、连接自动化、检测自动化等。装配自动化主要适用于批量装配。

装配自动化系统分为刚性装配和柔性装配。刚性装配系统是按一定的产品类型设计的，适用于大批量生产，能实现高速装配，节拍稳定，生产率趋于恒定，但缺乏灵活性。柔性装配系统是按照成组的装配对象，确定工艺过程，选择若干相适应的装配单元和物料储运系统，由计算机或其网络统一控制，能实现装配对象变换的自动化，能适应产品设计的变化，主要适用于多品种中小批量生产，且多用于自动化和无人化的生产。柔性装配系统主要包括：可调装配机、可编程的通用装配机、装配中心、工业机器人和机械手等。

二、零件的连接方式

零件的连接方式分为固定连接和活动连接。

1. 固定连接

固定连接是指装配后零件之间没有相对运动的连接，分为可拆式与不可拆式。

1）可拆式固定连接包括螺纹、销、键等连接及锥体配合等。

2）不可拆式固定连接包括焊接、铆接、过盈配合、胶合、压合等。

2. 活动连接

活动连接是指装配后零件在工作中能按规定要求做相对运动的连接，分为可拆式与不可拆式。

1）可拆式活动连接包括轴与滑动轴承、柱塞与套筒、丝杠与螺母等。

2）不可拆式活动连接包括活动铆接、滚动轴承等。

三、常用连接方式的装配

1. 螺纹连接的装配

螺纹连接是机器装配中最常用的可拆式固定连接，具有结构简单、装拆方便、连接可靠等特点。常用的螺纹连接件有螺栓、螺钉、螺母及各种专用件等。

装配时应注意：

1）螺纹连接应做到手能自由旋入。过紧会咬坏螺纹，过松则受力后螺纹易断裂。

2）螺母端面应与螺栓轴线垂直，以使受力均匀。

3）用螺栓、螺钉与螺母连接零件时，配合面要平整光洁，否则螺纹易松动。为提高接合质量常加垫圈。

4）双头螺柱要牢固地拧在连接体上，松紧适当。装配时，应使用润滑油。

5）装配成组螺钉、螺母时，为保证接合面受力均匀，需按一定顺序分两次或三次拧紧

（图 8-60）。

6）螺纹连接要有防松措施。常用的防松措施如图 8-61 所示。

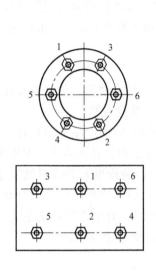

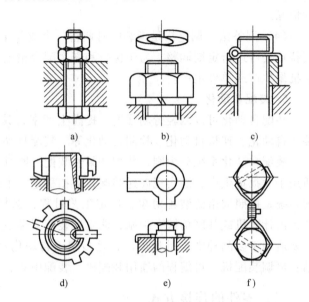

图 8-60 拧紧螺母的顺序

图 8-61 防松措施

a）双螺母　b）弹簧垫圈　c）开口销
d）止动垫圈　e）锁片　f）串联钢丝

2. 销连接的装配

销主要用于固定两个或两个以上零件之间的相对位置，且其传递的载荷较小。常用的有圆柱销和圆锥销。圆柱销与孔一般采用过盈配合，以固定零件，传递动力或做定位元件，且不宜多次装拆，被销连接的两孔应配作。装配时，将销涂油，用铜棒轻敲打入。圆锥销用于定位及需经常装拆处。装配时，一般边铰孔、边试装，以销能自由插入孔中 80% ~ 85% 为宜，然后轻打入。

3. 键连接的装配

键主要用于传递转矩的固定连接，如轴和齿轮的连接。键的侧面是传递转矩的表面，一般不修锉。键的顶部应有间隙（图 8-62）。装配时，将键轻轻打入轴的键槽内，然后对准轮孔的键槽将带键的轴推进轮孔中。

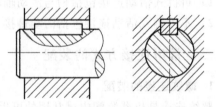

图 8-62 键的装配

4. 滚动轴承的装配

滚动轴承的内圈与轴、外圈及箱体的孔一般采用较小的过盈配合或过渡配合。装配时，为使轴承圈受力均匀，必须借助套垫用锤子或压力机压装（图 8-63）。若轴承与轴采用较大的过盈配合，最好将轴承放在温度为 80 ~ 90℃ 的机油中加热并趁热装入。

四、拆卸工艺

装配好的产品，经过长期使用后需要进行检查或修理时，以及某些零部件磨损或损坏需

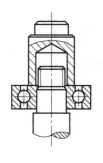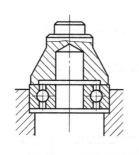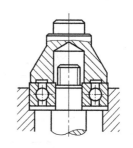

图 8-63　滚动轴承的装配

要更换时将其拆开的过程称为拆卸。

拆卸前应熟悉装配图样，了解机器零部件的结构，故障类型及部位，确定机器的拆卸方法。切不可盲目拆卸、猛敲乱砸，造成零件的损坏。拆卸时应做到：先装的零件后拆，后装的零件先拆，并按先上后下、先外后内的顺序依次进行。对成套或不能互换的零件，要做好标记，以防弄混。拆下后要按顺序摆放整齐并尽可能地按原来结构套在一起。过盈配合的零件拆卸时需用专用工具。对于不能用铁锤直接敲击的零件，可用铜锤、木槌或用软材料垫在零件上敲击，以防零件损坏。对于锥度配合或螺纹连接的零件，必须分清回旋方向。

滚动轴承的拆卸常用心轴拆卸法（图 8-64）和顶拔器拆卸法（图 8-65）。

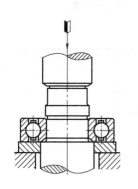
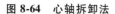

图 8-64　心轴拆卸法

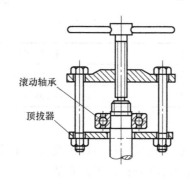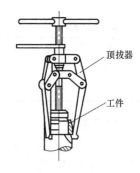

图 8-65　顶拔器拆卸法

第十节　钳工实习示例

钳工实习是学生金工实习中重要的组成部分，其以手工操作为主，实习过程中主要锻炼学生的动手能力，要求学生掌握划线、锯削、锉削、钻孔及攻螺纹等基本操作能力。具体实习示例如下：

示例一　锤子制造

图 8-68 所示为锤子示意图，具体零件如图 8-66 和图 8-67 所示。具体制造流程及要求如下。

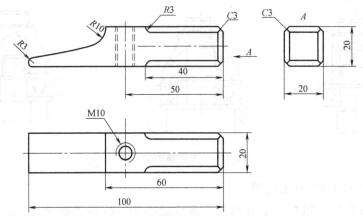

图 8-66　锤头零件图

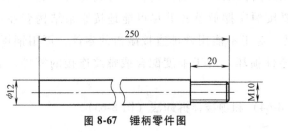

图 8-67　锤柄零件图

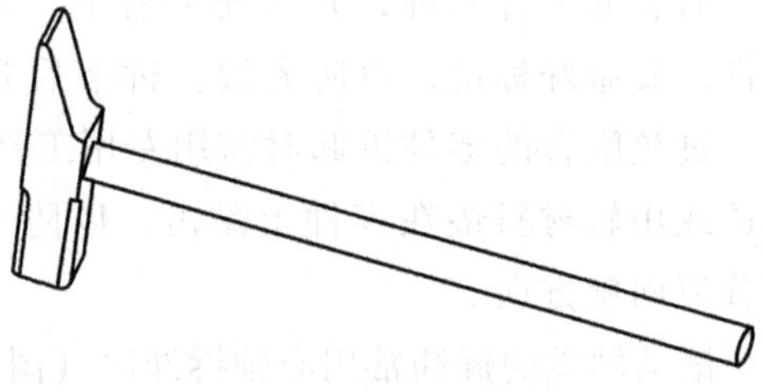

图 8-68　锤子示意图

1. 实习材料

实习件名称	材料	材料来源	件数
锤头	Q235	25mm×25mm×110mm（备料）	1
锤柄	Q235	ϕ14mm×260mm（备料）	1

2. 实习要求

1）掌握锉圆弧面的方法，达到连接圆滑的位置及尺寸正确。

2）熟练掌握推钳技能，达到纹理齐正，表面光洁。

3）正确使用划针、手锯、锉刀、钻床等。

3. 使用的刀具、量具和辅助工具

钳工锉、手锯、划针盘、样冲、麻花钻、游标卡尺、千分尺、丝锥、板牙、钻床、钢直尺、直角尺等。

4. 加工步骤

1）根据图样要求完成锤头和锤柄的落料。

2）按图样尺寸锉出 20mm×20mm×100mm 的长方体（留出适当加工余量）。

3）以长面为基准锉端面，达到基本垂直，表面粗糙度 $Ra \leqslant 3.2\mu m$。

4）以长面及端面为基准，划出形体加工线（两面同时划出），按尺寸划出 4×C3 倒角加工线。

5）锉 4×C3 倒角达到要求。先分别用粗、细锉倒角，再用整形锉精加工 R3mm 圆弧，然后用推锉法修整。

134

6）划线时用手锯按加工线去除扁嘴多余部分（注意留余量）。

7）用粗细平锉加工扁嘴斜面，用圆锉细加工 R10mm 圆弧，然后用推锉法修整。

8）锉 R3mm 圆头，并保证工件总长 100mm。

9）八角端部棱边倒角 C3。

10）按图划出螺纹孔加工线及钻孔检查线，用样冲打样冲眼，并用 φ9mm 钻头钻孔。

11）按图样用 φ10mm 丝锥攻 M10 的螺纹孔。

12）用砂布将各加工面抛光，完成锤头加工。

13）按照图样尺寸锉出 φ12mm×250mm 的圆柱。

14）锉出 M10×20 螺纹加工长度，并用板牙和板牙架套螺纹。

15）用砂布将圆柱表面抛光，完成锤柄加工，安装在锤头上，完成锤子的制作。

5. 注意事项

1）钻孔时，要求孔位置正确，孔径没有明显扩大，以免加工余量不足，影响正确加工。

2）锉平面时，要控制好锉刀的横向移动，防止锉坏平面。

3）加工 R3mm、R10mm 内圆时，横向锉要锉准、锉光，然后推光就容易，且圆弧过渡处也不易坍角。

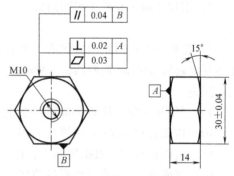

图 8-69　六角螺母零件图

示例二　六角螺母制造

六角螺母如图 8-69 所示，具体制造流程及要求如下。

1. 实习材料

实习件名称	材料	材料来源	件数
六角螺母	Q235	φ36mm×100mm（备料）	1

2. 实习要求

1）掌握六角螺母的加工方法，并达到一定的锉削精度。

2）掌握 120°角度样板的测量和使用方法，提高游标卡尺测量精度。

3）正确掌握对六角螺母钻出螺纹底孔以及攻螺纹的方法。

3. 使用的刀具、量具和辅助工具

钳工锉、手锯、划针盘、样冲、麻花钻、游标卡尺、千分尺、丝锥、板牙、钻床、钢直尺、120°角度样板等。

4. 加工步骤

1）根据图样要求，通过划线，用手锯削，完成 φ36mm×14mm 的六角螺母毛坯的落料（留出适当加工余量）。

2）选用圆柱某一底面为基准面，先锉修整表面，再锉另一平行面，使尺寸、表面粗糙度达到图样要求。

3）六角螺母的毛坯料外形尺寸是 36mm，由于六角螺母具有对称性，先加工一面为基准面（面1），单边粗锉削 3mm，要控制好平面度和与底面的垂直度。

4）以面 1 为基准，加工面 1 平行面（面 2）。先用划针盘划出 30mm 高度线条；然后锉削到划线处作为面 2；再精加工达到平面度和与底面的垂直度，且与面 1 达到平行度要求；最后用游标卡尺控制面 1 和面 2 平行距离尺寸达到（30±0.04）mm。

5）采用与面 1 相同的加工方法来加工面 1 相邻面（面 3）。先用 120° 角度样板以面 1 作为基准划面 3 加工参考线进行粗加工，单边粗锉削 3mm，要控制好平面度和与底面的垂直度，同时控制面 1 与面 3 之间形成的角度 120°±2′。

6）加工面 3 的对称面（面 4），加工和测量与面 3 相同。先用 120° 角度样板以面 2 作为基准划面 4 加工参考线进行锉削，注意控制平面度、垂直度及角度 120°±2′，并且用游标卡尺控制平行度和测量面 3 与面 4 平行距离尺寸（30±0.04）mm。

7）用加工面 3 和面 4 相同的方法锉削另外两个面（面 5 和面 6），最终形成正六方体的加工。

8）先用钢直尺对正六方体进行对角线连接，三线交点即为中心；再用样冲打样冲眼，并用划规划出 φ10mm 检测圆和 φ30mm 内切圆，划针盘划出 2mm 的倒角高度线；最后去毛刺、倒棱。

9）利用样冲眼，用 φ9mm 麻花钻进行钻孔。

10）按图样用 φ10mm 丝锥攻出 M10 的螺纹孔。

11）由图样可知，根据所划线，用锉刀锉削出 15° 倒角（注意：相贯线对称、倒角面光滑、内切圆准确），完成六角螺母的加工。

5. 注意事项

1）为保证加工表面光洁，在锉削钢件时，必须经常用钢丝刷清除嵌入锉刀齿纹内的锉屑，并在齿面上涂上粉笔灰。

2）为便于掌握加工各面时的粗锉余量，加工前可在加工面两端按划线位置用锉刀进行倒角。

3）在加工时要同时确保尺寸公差和几何公差，使其达到精度要求。

复习思考题

1. 划线的作用是什么？如何选择划线基准？

2. 划线的工具有哪些？举例说明划线的过程。

3. 錾削过程分哪几个阶段？錾削时应注意什么问题？

4. 安装锯条应注意什么？怎样选择锯削的方法？

5. 常用的锉刀有哪几种？如何选择？

6. 锉平面的方法有哪几种？怎样检查锉后平面的平面度和垂直度？

7. 台式钻床、立式钻床和摇臂钻床的结构及加工范围有何不同？

8. 在钻床上钻孔与车床上钻孔有何不同？

9. 钻孔、扩孔和铰孔的加工精度、表面粗糙度有何不同？为什么？

10. 试述攻螺纹和套螺纹的操作方法。

11. 攻通孔与不通孔螺纹时是否都用头锥、二锥？为什么？怎样确定孔的深度？

12. 刮削的特点和用途是什么？如何检验刮削表面的质量？

第九章 数控加工

第一节 概 述

数控是数值控制（Numerical Control）的简称，是指利用数字化信息进行控制，其控制对象可以是各种生产过程。

数控机床（Numerical Control Machine Tools）是一个装有数字控制系统的机床，该系统能够处理加工程序，控制机床自动完成各种加工运动和辅助运动。

数控加工的过程都是围绕着信息交换进行的（图9-1）。

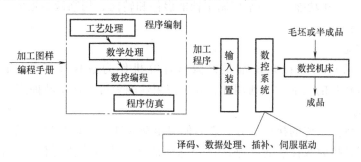

图 9-1　数控加工的过程

数控技术已成为制造业实现自动化、柔性化、集成化生产的基础技术，CAD/CAM、FMS 和 CIMS、敏捷制造和智能制造等，都建立在数控技术之上。

第二节 数控机床

数控机床一般由输入输出设备、数控装置、伺服系统、测量反馈装置和机床主体组成（图9-2）。

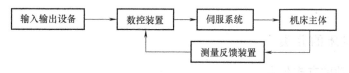

图 9-2　数控机床的组成

一、数控机床的组成

1. 输入输出设备

输入输出设备主要实现程序编制、程序和数据的输入以及显示、存储和打印。

2. 数控装置

数控装置是数控机床的核心。它接受来自输入设备的数据，并按输入信息完成数值计算、逻辑判断和输入输出控制等功能。数控装置的主要功能如下：

1）多轴联动。

2）插补功能（如直线、圆弧和其他曲线插补）。

3）程序输入、编辑和修改功能。

4）故障自诊断功能。

5）补偿功能。主要包括刀具半径补偿、刀具长度补偿、传动间隙补偿、螺距误差补偿等。

6）信息转换功能。主要包括 EIA/ISO 代码转换、寸制/米制转换、坐标转换、绝对值和增量值转换等。

7）多种加工方式选择。

8）辅助功能（M 功能）。用来控制主轴的启停和转向、切削液的通断、刀具更换等。

9）显示功能。

10）通信功能。

目前，几乎所有的数控系统都是以微型计算机作为数控装置的，称为计算机数控（CNC）。其具有较强的灵活性和通用性，并且使用性能和可靠性不断提高。

3. 伺服系统

伺服系统是数控系统的执行部分，它由伺服驱动部件和传动装置（减速器、滚珠丝杠）组成。它的作用是接收数控装置送来的指令脉冲信号，使机床执行件（工作台或刀架）做相应的运动，并对其定位精度和速度进行控制。数控机床常用的伺服驱动部件有步进电动机、宽调速直流或交流伺服电动机。

4. 测量反馈装置

测量反馈装置由测量部件和相应的测量电路组成，其作用是检测速度和位移，并将信息反馈给数控装置，构成闭环控制系统。没有反馈装置的系统称为开环控制系统（较少使用）。

5. 机床主体

数控机床是一个系统，机床主体、数控装置和伺服系统等部分是有机联系在一起的。机床主体的设计一般比普通机床简单，但在精度、刚度、热变形、抗振性和低速运动平稳性等方面的要求较高，特别对主轴部件和导轨副的要求更高，目的是保证数控装置和伺服系统的功能更好地实现。

二、数控机床的分类

1. 按控制运动的方式分类

（1）点位控制数控机床　仅实现刀具相对于工件从一点到另一点的精确定位运动（图

9-3）；对轨迹不做控制要求；运动过程中不进行任何加工。适用范围：数控钻床、数控镗床、数控压力机和数控测量机。

（2）直线控制数控机床 这类机床不仅要控制点的准确位置，还要保证两点之间的运动轨迹为一直线，并按指定的进给速度进行切削。其数控装置在同一时间只控制一个执行件沿一个坐标轴方向运动，但也可以控制一个执行件沿两个坐标轴以形成45°斜线的方向运动（图9-4），移动中可以切削加工。这类机床有简易数控车床、数控铣镗床和数控铣床等。

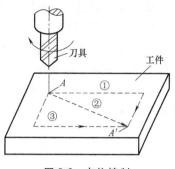

图9-3 点位控制

将点位控制和直线控制结合在一起，就成为点位-直线控制系统，数控车床、数控铣镗床及某些加工中心等大都采用这种控制系统。

（3）轮廓控制数控机床 轮廓控制是数控系统中最复杂、最灵活和成本最高的机床控制形式。它最显著的特点是能同时控制对两个或两个以上的坐标轴进行连续切削，加工出复杂轮廓形状的零件（图9-5）。这类机床具有主轴速度功能、传动系统误差补偿功能、刀具半径或长度补偿功能和自动换刀功能等，可加工出任意方向的直线、平面、曲线和圆、圆锥曲线以及能用数学方式定义的图形。目前，该类机床有数控车床、数控铣床、数控磨床和加工中心等。

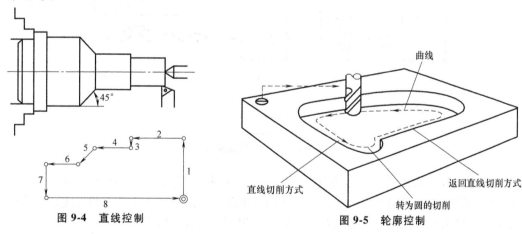

图9-4 直线控制　　　　　　图9-5 轮廓控制

2. 按伺服系统的类型分类

（1）开环控制数控机床 这类机床对其执行件的实际位移量不做检测，也不进行误差校正，工作台的进给速度和位移量是由数控装置输出指令脉冲的频率和数量所决定（图9-6）。伺服电动机常采用步进电动机。它的特点是结构简单、成本较低和性能稳定，但

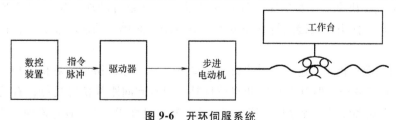

图9-6 开环伺服系统

加工精度受到限制，一般用于中、小型经济型数控机床。

（2）闭环控制数控机床　这类机床带有直线位移检测装置，在加工中随时对工作台的实际位移量进行检测并反馈到数控装置的比较器，与指令信息进行比较，用其差值（误差）对执行件发出补偿运动指令，直至差值为零，从而使工作台实现高的位置精度（图 9-7）。它的特点是定位精度高，但调试和维修都比较困难，系统复杂、成本高，一般用于精度要求较高的机床。

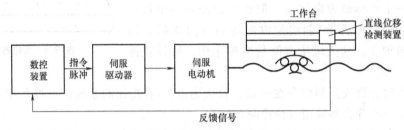

图 9-7　闭环伺服系统

（3）半闭环控制数控机床　这类机床采用角位移检测装置，检测伺服电动机的转角，推算出工作台的实际位移量，将此值与指令值进行比较，通过补偿实现控制（图 9-8）。它的性能介于开环和闭环之间，精度没有闭环高，调试却比闭环方便，应用较普遍。

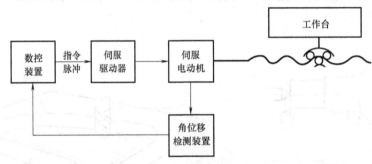

图 9-8　半闭环伺服系统

（4）混合控制数控机床　这类机床将以上三类控制的特点有选择地集中起来，在开环或半闭环伺服系统的基础上，附加一个校正伺服电路，通过装在工作台上的直线位移检测装置的反馈信号来校正机械系统的误差。它特别适用于大型数控机床。

3. 按数控机床的功能水平分类

（1）多功能数控机床　这类机床数控系统的功能比较齐全，能对机床的大部分动作进行控制，并具有各种便于编程、操作和监视的功能（如能进行自动编程、自动测量和自动故障诊断等）。

（2）简易数控机床　这类机床数控系统的功能仅具备自动加工所必需的基本功能，并采用直观的拨盘、插头或按键进行程序输入，具有结构简单、性能可靠、操作简便、价格低廉等优点。

（3）经济型数控机床　这类机床的数控装置由单板（片）微型计算机组成，其功能虽不及多功能数控机床齐全，但具有直线和点位插补、刀具和间距补偿等功能，有的还有位置显示、零件程序存储和编辑、程序检索等功能。它的特点是性能可靠、操作简便、成本低廉。

第三节 数控编程

数控编程是根据被加工零件的图样和技术要求、工艺要求等切削加工的必要信息，按数控系统所规定的指令和格式编制成加工程序文件。而数控编程的目的就是控制刀具按照刀具路径进行运动，所以在数控编程时要明确刀具与工件的相对运动所在的坐标系。

一、机床坐标系和工件坐标系

（一）机床坐标系

在数控机床上加工零件时，刀具与工件的相对运动只有在确定的坐标系中，才能按照规定的程序进行加工，这一坐标系称为机床坐标系，用 X、Y、Z 表示。统一规定数控机床坐标轴名称及其运动的正、负方向，有利于编程的统一和交流。我国制定了 GB/T 19660—2005《工业自动化系统与集成机床数值控制 坐标系和运动命名》，它与 ISO 841：2001 等效。

标准中规定了以右手直角笛卡儿坐标系作为标准坐标系（如图 9-9 所示坐标系中，三坐标 X、Y、Z 的关系及其正方向用右手定则判定；围绕 X、Y、Z 各轴的回转运动及其正方向 $+A$、$+B$、$+C$，分别用右手定则判定。与以上正方向相反的方向应用带"'"的 $+X'$、$+A'$，…来表示。其规定的原则如下。

1. 刀具相对于静止的工件运动原则

编程人员能够在不知道是刀具移近工件还是工件移近刀具的情况下就能依据零件图编程。

2. 运动部件方向的规定

机床某一运动部件的运动正方向，是刀具和工件距离增大的方向。X 坐标轴水平，它平行于工件的装夹表面，是刀具或工件定位

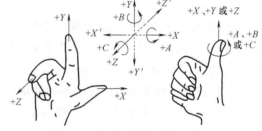

图 9-9 右手直角笛卡儿坐标系

平面内运动的主要坐标；Z 坐标轴与主轴平行，切入工件的方向为负方向；Y 坐标垂直于 X 及 Z 坐标轴，按右手定则确定方向。

如图 9-10 和图 9-11 所示分别为数控车床和数控铣床的机床坐标系。

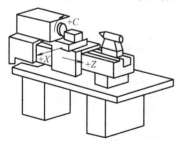

图 9-10 数控车床的机床坐标系

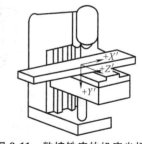

图 9-11 数控铣床的机床坐标系

3. 机床坐标原点

机床坐标原点是指机床坐标系的原点，是机床上的一个固定点，它是机床调试和加工时的基准点，是唯一的。

4. 机床零点

机床零点是用于对机床运动进行检测和控制的固定位置点。机床零点的位置是由机床制造厂

家在每个进给轴上用限位开关精确调整好的，坐标值已输入数控系统中。通常在数控铣床上，机床坐标原点和机床零点是重合的；而在数控车床上，机床零点是离机床坐标原点最远的极限点。

（二）工件坐标系

工件坐标系是编程时使用的坐标系，是编程人员根据零件图及加工工艺建立的坐标系。数控编程时，应该首先确定工件坐标系和工件坐标原点。

工件坐标原点：零件在设计中有设计基准，在加工过程中有工艺基准，同时要尽量将工艺基准与设计基准统一，该基准点通常称为工件坐标原点，如图9-12所示。

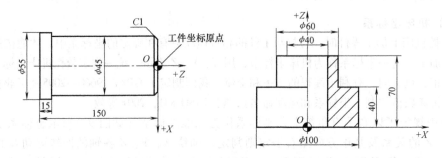

图 9-12　工件坐标系及工件坐标原点

工件坐标系是人为设定的，从理论上讲，工件坐标原点选在任意位置都是可以的；但实际上，为了编程方便以及各尺寸较为直观，应尽量把工件坐标原点选得合理些，通常在车削时把工件坐标原点设置在工件的外端面上，如图9-12中 O。

（三）机床坐标系与工件坐标系的关系

通常，工件坐标系的坐标轴与机床坐标系相应的坐标轴相互平行，方向相同，但原点不同。在加工中，工件随夹具在机床上安装后，要测量工件坐标原点与机床坐标原点之间的坐标距离，这个距离称为零点偏置（这个偏置量需预置到数控系统中），如图9-13所示。在加工时，零点偏置量可自动加到工件坐标系上，使数控系统可按机床坐标系确定加工时的坐标值加工。而把测量零点偏置并将它输入数控系统的过程称为对刀。

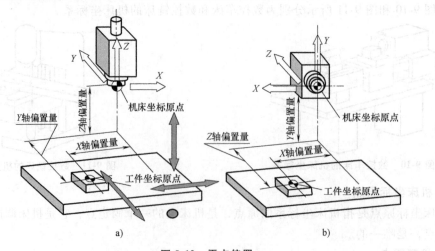

图 9-13　零点偏置

a）立式数控机床的坐标系　b）卧式数控机床的坐标系

二、数控编程方法

数控编程分为手工零件编程和计算机零件编程两大类。

1. 手工零件编程

手工零件编程为手工进行零件加工程序的编制。

特点：耗费时间长，易出现错误，无法胜任复杂形状零件的编程。

适用情况：几何形状较为简单的零件，点位加工及由直线与圆弧组成的轮廓加工。

手工零件编程的过程如图 9-14 所示。

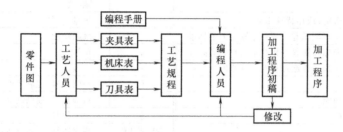

图 9-14　手工零件编程的过程

2. 计算机零件编程

计算机零件编程是用计算机和适当的通用处理程序以及后置处理程序准备零件程序，得到加工程序。

特点：计算机自动绘制出刀具路径，使编程人员可及时检查程序是否正确，并及时修改。计算机代替程序编制人员完成烦琐的数值计算，可提高编程效率几十倍乃至上百倍，解决手工零件编程无法完成的复杂零件的编程难题。

适用情况：形状复杂的零件，具有非圆曲线、列表曲线或曲面的零件。常用的计算机零件编程软件有 UG、CATIA、Pro/E、Cimatron、MasterCAM、Delcam、CAXA 制造工程师、Edgecam 等。

三、数控代码

数控编程中的有关代码、坐标系统、加工指令、辅助功能及程序格式等，都有一定的标准。目前通用的标准有 ISO（国际标准化组织）标准和 EIA（美国电子工业协会）标准。应注意：各类数控机床使用的指令、代码含义不完全相同。因此，编程时要按照数控机床使用手册的具体规定进行。

数控机床用 ISO 代码见表 9-1。

表 9-1　数控机床用 ISO 代码

代码符号	含义	代码符号	含义
0	数字 0	4	数字 4
1	数字 1	5	数字 5
2	数字 2	6	数字 6
3	数字 3	7	数字 7

（续）

代码符号	含义	代码符号	含义
8	数字 8	U	平行于 X 坐标的第二坐标
9	数字 9	V	平行于 Y 坐标的第二坐标
A	绕着 X 坐标的角度	W	平行于 Z 坐标的第二坐标
B	绕着 Y 坐标的角度	X	X 坐标方向的主运动
C	绕着 Z 坐标的角度	Y	Y 坐标方向的主运动
D	特性坐标角度尺寸;第三进给速度功能	Z	Z 坐标方向的主运动
E	特性坐标角度尺寸;第二进给速度功能	.	小数点
F	进给功能	+	加/正
G	准备功能	−	减/负
H	永不指定(或作特殊用途)	*	星号/乘号
I	沿 X 坐标圆弧起点相对于圆心的坐标系	/	跳跃功能
J	沿 Y 坐标圆弧起点相对于圆心的坐标系	,	逗号
K	沿 Z 坐标圆弧起点相对于圆心的坐标系	=	等号
L	不指定	(	左圆括号/控制暂停
M	辅助功能	)	右圆括号/控制恢复
N	程序段号	$	单元符号
O	不用	NL 或 LF	程序段结束,新行或换行
P	平行于 X 坐标的第三坐标	%	程序号(程序开始)
Q	平行于 Y 坐标的第三坐标	HT	制表(或分隔符号)
R	平行于 Z 坐标的第三坐标	DEL	取消
S	主轴速度功能	SP	空格
T	刀具功能	BS	退格

准备功能 G 代码见表 9-2。

表 9-2 准备功能 G 代码

代码符号	含义	代码符号	含义	代码符号	含义
G00	快速点定位	G41	刀具补偿—左	G61	准确定位 2(中)
G01	直线插补	G42	刀具补偿—右	G62	快速定位(粗)
G02	顺时针方向圆弧插补	G43	刀具补偿—正	G63	攻螺纹
G03	逆时针方向圆弧插补	G44	刀具补偿—负	G64~G67	不指定
G04	暂停	G45	刀具偏置+/+	G68	刀具偏置,内角
G05	不指定	G46	刀具偏置+/−	G69	刀具偏置,外角
G06	抛物线	G47	刀具偏置−/−	G70~G79	不指定
G07	不指定	G48	刀具偏置−/+	G80	固定循环取消
G08	加速	G49	刀具偏置 0/+	G81~G89	固定循环
G09	减速	G50	刀具偏置 0/−	G90	绝对尺寸
G10~G16	不指定	G51	刀具偏置+/0	G91	增量尺寸
G17	XY 平面选择	G52	刀具偏置−/0	G92	预置寄存
G18	ZX 平面选择	G53	直线偏移取消	G93	时间倒数,进给量
G19	YZ 平面选择	G54	直线偏移 X	G94	每分钟进给
G20~G32	不指定	G55	直线偏移 Y	G95	主轴每转进给
G33	螺纹切削,等螺距	G56	直线偏移 Z	G96	恒线速度
G34	螺纹切削,增螺距	G57	直线偏移 XY	G97	主轴转速
G35	螺纹切削,减螺距	G58	直线偏移 XZ	G98~G99	不指定
G36~G39	不指定	G59	直线偏移 YZ		
G40	刀具补偿/刀具偏置取消	G60	准确定位 1(精)		

辅助功能 M 代码见表 9-3。

表 9-3　辅助功能 M 代码

代码符号	含义	代码符号	含义	代码符号	含义
M00	程序停止	M15	正运动	M49	进给量修正旁路
M01	计划停止	M16	负运动	M50	3 号切削液开
M02	程序结束	M17~M18	不指定	M51	4 号切削液开
M03	主轴正转	M19	主轴定向停止	M52~M54	不指定
M04	主轴反转	M20~M29	不指定	M55	刀具直线位移,位置 1
M05	主轴停止	M30	存储介质结束即程序结束	M56	刀具直线位移,位置 2
M06	换刀	M31	互锁旁路	M57~M59	不指定
M07	2 号切削液开	M32~M35	不指定	M60	更换工件
M08	1 号切削液开	M36	进给范围 1	M61	工件直线位移,位置 1
M09	切削液关	M37	进给范围 2	M62	工件直线位移,位置 2
M10	夹紧	M38	主轴速度范围 1	M63~M70	不指定
M11	松开	M39	主轴速度范围 2	M71	工件角度位移,位置 1
M12	不指定	M40~M45	如有需要作为齿轮换档,此处不指定	M72	工件角度位移,位置 2
M13	主轴正转,切削液开	M46~M47	不指定	M73~M89	不指定
M14	主轴反转,切削液开	M48	取消 M49 功能	M90~M99	不指定

下面介绍一些常用的编辑功能代码。

（1）准备功能代码（G 代码）　准备功能代码的作用是指定数控机床的运动方式，为数控系统的插补做好准备。G 代码从 G00 到 G99 共 100 种，通常位于程序段的坐标指令的前面。

1）G00：快速点定位指令。G00 可使刀具快速移动到所需位置上，一般作为空行程。

例如：N10 G00 X45.0 Y120.0 Z60.5；［注：第 10 号程序段，将刀具快速移动到（45.0，120.0，60.5）。］

2）G01：直线插补指令。G01 可使刀具按给定速度沿直线移动到所需位置，一般作为直线切削指令。

例如：N20 G01 X45.0 Z60.0 F120；［注：第 20 号程序段，将刀具以 120mm/min 的进给速度直线移动到（45.0，60.0）。］

3）G02、G03：圆弧插补指令。本指令可使刀具做圆弧切削运动，G02 为顺时针圆弧插补，G03 为逆时针圆弧插补。应用该指令时，必须指定终点坐标和圆心或半径。

例如：N30 G02 X45.0 Z60.0 R20.0 F30；（注：第 30 号程序段，刀具顺时针沿圆弧进行切削加工，圆弧半径为 20mm。）

（2）辅助功能代码（M 代码）　辅助功能代码是用于机床加工操作时的工艺性指令。M 代码从 M00 到 M99 共 100 种。

1）M02/M30：程序结束指令，表示程序结束。

2）M03：主轴正转。

3）M04：主轴反转。

4）M05：主轴停止。

5）M06：换刀。

6）M08：1号切削液开。

7）M09：切削液关。

（3）进给功能代码（F代码）　F代码与数值表示进给速度的大小（一般以mm/min来表示）。

（4）主轴速度功能代码（S代码）　S代码与数值表示主轴转速的大小（一般以r/min来表示）。例如：S600 M03；（注：主轴正转，主轴转速600r/min。）

（5）刀具功能代码（T代码）　在数控铣床中T代码常与换刀（M06）辅助功能同时使用，也用来为新刀具寻址。在数控车床中以T加数字方式直接换刀，如T0101。

四、数控程序的结构与格式

本书以FANUC数控系统为例讲解数控程序。

1. 程序的结构

一个完整的程序由程序名、程序内容和程序结束三部分组成。

例如：

O00015　　　　　　　　　　程序名

N1 G90 G00 X60.0 Z40.0；

N2 G01 X30.0 Z37.0 F300；

N3 Z25.0；

N4 G02 X46.0 Z17.0R18.0；　　程序内容

N5 G01 X60.0；

N6 G00 Z40.0；

N7 M30；　　　　　　　　　程序结束

（1）程序名　程序名为程序的开始部分，作为程序的开始标记，在数控装置存储器中的程序目录中。程序名由地址码（如O）和四位编号数字（0001~9999）组成。

（2）程序内容　程序内容是整个程序的主要部分，由许多程序段组成。每个程序段由若干个字组成。每个字又由地址码和若干数字组成。在程序中能做指令的最小单位是字。

（3）程序结束　程序结束一般用辅助功能代码M02和M30等来表示。

常用的地址码及其含义见表9-4。

表9-4　常用的地址码及其含义

功　能	地　址	意义及范围	
程序名	O	程序编号：0001~9999	
程序段号	N	程序段编号：N1~N9999	
准备功能	G	指令动作方式（如直线、圆弧）：G00~G99	
坐标字	X、Y、Z、U、V、W	直线坐标轴	坐标轴的移动命令：±99999.999
	A、B、C	旋转坐标轴	
	R	圆弧的半径	
	I、J、K	圆弧中心的坐标	

（续）

功　　能	地　　址	意义及范围
进给功能	F	进给速度的指定：F0～F15000
主轴速度功能	S	主轴转速的指定：S0～S9999
刀具功能	T	刀具编号的指定：T0～T99
辅助功能	M	主轴起停的指定：M03～M05
补偿号	H、D	刀具补偿号的指定：00～99
暂停	X	暂停时间的指定：秒
子程序号的指定	P	子程序号的指定：P1～P9999
重复次数	L	子程序的重复次数，固定循环的重复次数：L2～L9999
参数	P、Q、R	固定循环的参数

2. 程序段的格式

程序段的格式是指一个程序段中的字、字符和数据的书写规则。目前常用的是字地址可变程序段格式。程序段应包括机床所要求执行的功能和运动所需要的几何数据和工艺数据，其格式为：N_　G_　X_　Y_　Z_　R_　F_　S_　T_　M_ 。

五、程序编制中的坐标系

1. 工件坐标系

在编程时，应该首先在零件图上设定工件坐标系和工件坐标原点。为使编程方便及各尺寸较为直观，工件坐标原点应尽量设置在工艺基准与设计基准上。

2. 绝对坐标系与增量（相对）坐标系

在具体编程时，工件坐标系又可分为绝对坐标系和增量坐标系两种。

（1）绝对坐标系　绝对坐标系是指刀具运动位置的坐标值，是以设定的工件坐标原点为基准给出的值。

（2）增量坐标系　增量坐标系是指刀具运动位置的坐标值，是相对于前一位置来计算的。

在数控车床中用 X、Z 表示绝对坐标，用 U、W 表示相对坐标。在数控铣床或加工中心用 G90 指定绝对坐标编程，用 G91 指定相对坐标编程，坐标的表示方式都是用 X、Y、Z。

第四节　数控车床编程与加工

数控车床主要用于精度要求高、表面粗糙度好、形状复杂的轴类、盘类、带特殊螺纹等回转体类零件的加工，能够通过程序控制自动完成圆柱面、圆锥面、圆弧面、成形表面及各种螺纹的切削加工，并进行切槽、钻、扩、铰孔等加工。数控车床具有加工灵活、通用性强、能适应产品的品种和规格频繁变化的特点，能够满足新产品的开发和多品种、小批量、生产自动化的要求，因此被广泛应用于机械制造业。它是目前国内使用量最大、覆盖面最广的一种数控机床，常见的数控车床如图 9-15 所示。

市面上流行的数控系统有 FANUC 系统、西门子系统、广州数控系统和华中数控系统等。下面将以 FANUC 系统为例讲解常用的数控车床和数控铣床或加工中心的编程加工方法。华中数控系统的 G 代码功能见表 10-5。

a)   b)

图 9-15　数控车床

a）斜床身数控车床　b）平床身数控车床

表 9-5　华中数控系统的 G 代码功能

代　码	功　能	代　码	功　能
G00	快速定位	G54	工件坐标系 1
G01	直线插补	G55	工件坐标系 2
G02	圆弧插补（顺时针）	G56	工件坐标系 3
G03	圆弧插补（逆时针）	G57	工件坐标系 4
G04	延时	G58	工件坐标系 5
G20	寸制输入	G70	精加工循环
G21	米制输入	G71	直径复合粗切循环
G27	参考点返回检查	G72	端面复合粗切循环
G28	返回到参考点	G90	直径切削循环
G29	由参考点返回	G94	端面切削循环
G32	螺纹切削	G92	螺纹切削循环
G40	刀具补偿取消	G96	恒线速度控制
G41	刀尖左补偿	G97	恒线速度控制取消
G42	刀尖右补偿	G98	每分钟进给设置
G50	修改工件坐标系	G99	每转进给设置

一、数控车床的编程特点

1）在一个程序段中，可采用绝对编程、增量编程或两者混合编程。

2）许多数控车床用 X、Z 表示绝对坐标指令，用 U、W 表示增量坐标指令，而不用 G90、G91 指令。

3）数控车床的坐标系以纵向为 X 轴，刀架离开工件的方向为 X 轴正方向，横向为 Z 轴，指向尾座方向为 Z 轴正方向。因此，X 轴方向与刀架的安装部位有关。数控车床的程序原点是主轴中心线位于 X0 处，而工件精加工端面位于 Z0 处。为了编程方便并符合习惯，X 轴的编程值与显示值都是直径而不是半径。

4）编程时，认为车刀刀尖是一个点，但实际上车刀刀尖总带有刀尖圆弧半径，且随着加工过程的进行，尤其是加工斜面、圆弧时，刀尖圆弧半径的尺寸和形状还会影响到加工精度，因此应考虑刀具补偿指令。

5）在车削过程中，由于工件的余量各处不同，或按工件精度要求粗、精加工分开等原因，一个表面的加工常需多次反复进行，因此编程时要充分使用固定循环功能来简化程序。

二、数控车床编程的注意事项

1）为了编程方便并符合车床的习惯，X 轴的编程值与显示值都是直径而不是半径。但在圆弧定义的附加语句中的 R、I、K 以半径值标明。

2）在车削工件时，由于加工的方法不同，主轴转速必须有很大的调速范围。ISO 规定的有关主轴转速的指令有：

G96　S_　；恒线速度控制，S 之后指定切削线速度。

G97　S_　；取消恒线速度控制，S 之后指定主轴转速。

在恒线速度控制时，一般要限制最高主轴转速。若超过了最高转速，则要使主轴转速等于最高转速。

3）数控车床的进给方式多使用 G99，也可使用 G98。

4）在一个零件的程序或一个程序段中，零件尺寸可以是绝对坐标值（X、Z）或增量坐标值（U、W），或两者混合编程。要特别注意的是：直径方向用绝对编程时，X 以直径值表示；用增量编程时，以径向实际位移量的两倍值编程，并附上方向符号（正向省略）。

三、数控车床编程示例

现以车削手柄为例，说明数控车床编程的过程。

在 FANUC 系统的数控车床上，用 $\phi40$mm 的铝棒加工出图 9-16 所示零件，要求粗、精加工分开。

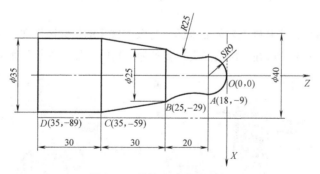

图 9-16　数控车床编程示例

数控编程步骤如下。

第一步：分析零件图，建立工件坐标系，以 O 点为工件坐标原点，以手柄径向为 X 轴、轴向为 Z 轴建立工件坐标系。

第二步：标注加工坐标点，如图 9-16 所示。

第三步：确定刀具路径，先将刀具快速移动至起始位置（X41.0，Z1.0），然后快速定位到（X0，Z1.0）点，最后沿着工件外轮廓进行插补。

第四步：编写 G 指令，文中利用 G71 指令和 G70 指令编程，编写加工程序时无须考虑粗加工刀具路径，只需要写出精加工刀具路径即可。

O0010	程序名
N01 G00 X100.0 Z150.0；	将刀具移动到安全位置
N02 T0101；	换成 1 号刀，带 1 号刀补
N03 M03 S800；	主轴正转，主轴转速为 800mm/min
N04 G00 X41.0 Z1.0；	快速定位至起始位置
N05 G71 U2.0 R1.0；	设置粗加工参数，粗加工进给量为 2mm，退刀量 1mm
N06 G71 P7 Q12 U0.2 W0.2 F150；	P7、Q12 为精加工起始与结束标号 U、W 设置精加工余量，F150 为粗加工进给速度 150mm/min
N07 G00 X0 Z1.0；	定位至（X0，Z1.0）点
N08 G01 Z0 F100；	加工至 O 点。精加工速度为 100mm/min
N09 G03 X18.0 Z-9.0 R9.0；	加工圆弧 OA
N010 G02 X25.0 W-20.0 R25.0；	加工圆弧 AB
N011 G01 X35.0 W-30.0；	加工直线 BC
N012 G01 W-30.0；	加工直线 CD
N013 G70 P7 Q12；	精加工外轮廓
N014 G00 X100.0 Z150.0 ；	返回安全位置
N015 M05 M30；	主轴停转，程序结束

第五节　加工中心编程与加工

加工中心是在数控铣床基础上发展而来的，与数控铣床的最大区别在于加工中心具有自动换刀装置。通过自动换刀装置可在一次装夹实现多种加工功能。加工中心及加工如图 9-17 所示。

图 9-17　加工中心及加工

一、加工中心的分类

加工中心按主轴的垂直或水平排列可分为立式加工中心和卧式加工中心；按联动的轴数可分为三轴联动加工中心、四轴联动加工中心、五轴联动加工中心、多轴联动加工中心等；还可按功用将加工中心分为以下几类：

（1）铣镗加工中心　主要用于铣削、镗削、钻孔、攻螺纹等加工，特别适用于各种箱体类和形面复杂工序集中的零件加工。

（2）钻削加工中心　主要用于钻孔，也可以进行小面积的端面铣削。

（3）车削加工中心　主要用于加工轴类零件，还可进行铣、钻等。

（4）复合加工中心　此机床的主轴头可自动回转，主轴可转至水平位置，也可转至垂直位置，配合转位工作台，可进行箱体类四个侧面及顶面上的孔及平面的加工。

二、加工中心的特点

加工中心是一种高效、高精度的数控机床。多功能的组合和自动换刀是它的两大特征。加工中心一般具有以下特点：

（1）工序集中　加工中心集铣削、镗削、钻孔、攻螺纹等工序于一体，工件在一次装夹下就可进行粗加工、半精加工和精加工。

（2）具有存储加工中所需刀具的刀库　加工中心有单独驱动的刀库，并能根据要求将各工序所需的刀具送到取刀位置。刀库可分为转塔式、链式、直线式、鼓轮式和格子箱式五类。

（3）具有自动装卸刀具的机械手　加工中心上常用双臂回转机械手来抓取和装卸位于刀库和主轴上的刀具。

（4）具有自动转位工作台　它使加工中心能在工件一次装夹下，使用多种刀具在工件几个表面上进行多种工序的加工。

（5）具有主轴准停机构、刀杆自动装夹松开机构和刀柄切屑自动清除装置　它们是加工中心能顺利实现自动换刀所需的结构保证。

（6）精度高　各孔的中心距，全靠各坐标的定位精度予以保证。目前，加工中心的定位精度可达 0.001mm，或者更高，加工中可省去钻模夹具。

三、加工中心编程

下面以 FANUC 系统为例，介绍加工中心编程。

FANUC 系统加工中心 G 代码功能见表 9-6。

表 9-6　FANUC 系统加工中心 G 代码功能

代码符号	功　　能	代码符号	功　　能
G00	快速定位	G09	准停校验
G01	直线插补	G11	单段允许
G02	圆弧插补（顺时针）	G12	单段禁止
G03	圆弧插补（逆时针）	G17	X（U）Y（V）平面选择
G04	暂停	G18	Z（W）X（U）平面选择
G07	虚轴指定	G19	Y（V）Z（W）平面选择

（续）

代码符号	功　　能	代码符号	功　　能
G20	寸制输入	G61	精确停止校验方式
G21	米制输入	G64	连续方式
G22	脉冲当量	G65	子程序调用
G24	镜像开	G68	旋转变换
G25	镜像关	G69	旋转取消
G28	返回到参考点	G73	深孔钻削循环
G29	由参考点返回	G74	逆攻螺纹循环
G33	螺纹切削	G76	精镗循环
G40	刀具半径补偿取消	G80	固定循环取消
G41	左刀补	G81	钻孔循环
G42	右刀补	G82	沉头孔循环
G43	刀具长度正向补偿	G83	深孔钻循环
G44	刀具长度负向补偿	G84	攻螺纹循环
G49	刀具长度补偿取消	G85	镗孔循环
G54	工件坐标系 1 选择	G86	镗孔循环
G55	工件坐标系 2 选择	G87	反镗循环
G56	工件坐标系 3 选择	G88	镗孔循环
G57	工件坐标系 4 选择	G89	镗孔循环
G58	工件坐标系 5 选择	G90	绝对编程
G59	工件坐标系 6 选择	G91	增量编程
G60	单方向定位	G92	工件坐标系设定

加工中心工件坐标原点的位置是任意的，一般根据工件形状和标注尺寸的基准以及计算最方便的原则来确定工件上某一点为工件坐标原点，具体选择应注意：①为便于坐标值的计算，减少计算错误，工件坐标原点应选在零件固有的尺寸基准上；②为提高被加工零件的加工精度，工件坐标原点尽量选在精度较高的表面；③对称的零件，工件坐标原点应设在对称中心上；不对称的零件，工件坐标原点应设在工件外轮廓的某一交点上；④Z 轴方向的零点，一般设在工件表面。在编程过程中，为避免尺寸换算，需使用 G54～G59 将工件坐标原点平移到工件基准处。

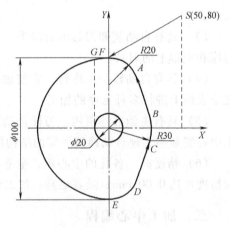

图 9-18　凸轮铣削

现以铣削凸轮轮廓为例，说明数控铣床编程的过程。

在加工中心上，用 6mm 厚的铝板按图 9-18 的要求进行精加工。

根据零件图要求，确定加工工艺后，选凸轮圆心为 X、Y 轴零点，离工件表面 100mm 处为 Z 轴零点，建立工件坐标系。计算每一圆弧的起点坐标和终点坐标值，即基点的坐标分别为 A（18.856，36.667）、B（28.284，10.236）、C（28.284，－10.236）、D（18.856，－36.667）。根据算得的基点和设定的工件坐标系可编程如下：

O0010　　　　　　　　　　　　　　　程序名

N01 G90 G00 X0 Y0 Z100.0；　　　　　刀具移动到工件上方 100mm 处

N02 T01 M06；	换刀
N03 S1000 M03；	主轴正转，转速 1000r/min
N04 G00 X50.0 Y80.0；	快速由对刀点移动到点 S（50，80，100）
N05 G00 G43 Z-7.0 H1 F500；	由点 S 到点（50，80，-7）
N06 G01 G42 X0 Y50.0 D1 F200；	由点（50，80，-7）到点 F，右补偿
N07 G03 Y-50.0 J-180.0；	加工圆弧 FE
N08 G03 X18.856 Y-36.667 R20.0；	加工圆弧 ED
N09 G01 X28.284 Y-10.236；	加工直线 DC
N10 G03 X28.284 Y10.236 R30.0；	加工圆弧 CB
N11 G01 X18.856 Y36.667；	加工直线 BA
N12 G03 X0 Y50.0 R20.0；	加工圆弧 AF
N13 G01 X-10.0；	由点 F 到点 G（-10，50，-7）
N14 G01 Z35.0 F500；	由点 G 到点（-10，50，35）
N15 G00 X0 Y0 M05；	快速回到原点上方
N16 G40 G49；	取消刀具半径补偿和刀具长度补偿
N17 M30；	程序结束

第六节　数控机床的发展

随着数控技术的迅速发展，数控机床已从过去自动的单能机向多能机（加工中心）发展，从刚性连接的自动生产线向柔性制造单元（FMC）、柔性制造系统（FMS）和计算机集成制造系统（CIMS）发展。

目前，数控机床正在向高速度、高精度、高度自动化的方向发展。

（1）机床本身　主轴转速及工作台进给高速化；自动换刀快速化；工件装卸自动化及快速化；加工表面高精度化；控制系统功能多样化；切削刀具强硬化。加工中心的主轴转速可达 5000~6000r/min，有的已达 40000r/min；进给速度为 1~2m/min，快速移动速度可达 33m/min，并逐步靠近 50m/min；换刀时间为 1~2s，有的已达 0.5s；加工精度可达 IT7，有的可达 IT6。

（2）控制技术　程序设计简易化；提高系统可靠性；增大记忆容量、加快数据处理能力；交互对话式、加工资料库式、图形资料库式；经济型数控系统的开发。

近年来，在数控机床的基础上配备自动上下料装置或工业机器人及其他一些外围设备（如监控装置、检测装置、单元控制器等）就构成了柔性制造单元（FMC）。如图 9-19 所示是由数控机床、工业机器人和其他外围设备构成的柔性制造单元。它以数控机床为主体，对零件进行加工，工业机器人负责从机床和工作台架上装卸工件。工作台架用于存放待加工的或已加工的工件，并具有自动循环功能，将堆放的工件自动移至所需的位置。监控装置则对数控机床的工作状态进行监视和控制，发现故障（如过载、刀具损坏等）立即停机。检测装置根据传感器对工件检验的数据与系统的检测信息进行比较，判断是否合格，若不合格，便将数据反馈给数控机床，以修正加工信息。单元控制器将柔性制造单元中的数控机床、工业机器人和其他有关设备有机地联系在一起，实现对整个制造单元的控制。

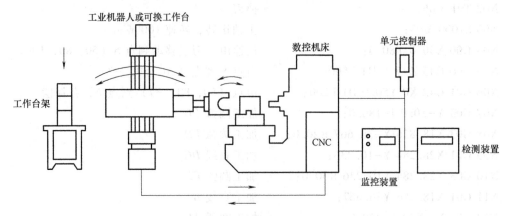

图 9-19　柔性制造单元

柔性制造单元具有相对的独立性，它既可以作为柔性制造系统中的基本模块，能完整地完成该系统中的一个规定功能；也可以作为独立运行的生产设备单独承担任务，进行自动加工。在现代科学技术的推动下，根据需要可将柔性制造单元（FMC）进一步发展为柔性制造系统（FMS）。随着柔性加工技术、计算机辅助技术及信息技术的发展，现代机械制造业进入了全面自动化阶段，机械制造的柔性自动化也进一步发展到更高的阶段——计算机集成制造系统（CIMS）。它是 FMC 和 FMS 的高度发展，可使企业实现整体优化和生产的自动化。

总之，从单能机和刚性自动线开始，发达国家的生产自动化已走过了数控机床（CNC）、加工中心（MC）、柔性制造单元（FMC）和柔性制造系统（FMS），向计算机集成制造系统（CIMS）发展，并已取得了初步成功。而我国就总体来讲，仍处于数控机床和加工中心的发展阶段。随着数控技术向着采用 32 位芯片、多 CPU、模块化结构、通用程序语言、标准化通信协议、多功能和智能化等高档系统的发展，数控机床将有更为广阔的应用前景，柔性制造系统和计算机集成制造系统也将有更快的发展。

 ## 复习思考题

1. 叙述用数控机床加工零件的过程。
2. 数控机床由哪几部分组成？各有什么作用？
3. 什么是开环、闭环和半闭环控制系统？其优缺点有哪些？各用于什么场合？
4. 数控编程的程序结构与格式是什么？
5. 加工中心与数控铣床的区别是什么？加工中心有何特点？
6. 简述生产自动化发展的过程及数控机床的发展方向。

第十章　现代制造技术

第一节　概　　述

在瞬息万变的市场竞争下，高质量、高效率和多品种小批量柔性生产方式已是现代企业生存和发展的必要条件。传统的制造技术难以适应现代市场竞争的要求，以集成了计算机技术、数控技术、微电子技术、传感检测技术、信息处理技术、伺服技术、光机电一体化技术和网络通信技术于一体的现代制造技术得到了迅速发展和广泛应用。

现代制造技术的特点是：以工艺为突破口，形成设计与工艺的一体化；精密和超精密加工技术为主体；产品设计是其生命周期的全过程设计；强调人、组织、技术和环境的集成及绿色制造；整个制造过程不再是一个离散的生产过程，而是一个高度柔性化、智能化、集成化的现代制造系统。

20世纪90年代以来，人们在致力于发展单项先进制造技术的同时，开始寻求全新的现代制造系统。在柔性制造系统发展的基础上，计算机集成制造系统（CIMS）的发展进入了新阶段。围绕 CIMS 应用提出了许多新的制造理念，并进行了大量的实践，如虚拟制造（Visual Manufacturing，VM）、敏捷制造（Agile Manufacturing，AM）、智能制造（Intelligent Manufacturing，IM）、精良制造（Lean Production，LP）、并行工程（Concurrent Engineering，CE）、企业资源计划（Enterprise Resource Planning，ERP）等。这些制造方式（技术）使人们清楚地认识到解决现代企业所面临的问题不只是依靠技术，而必须涉及人、管理、组织和体制等重要因素。如果说计算机集成制造系统是以信息集成为特点，从技术角度解决企业竞争需求，那么并行工程、精良生产、敏捷制造、企业资源计划等新的管理理论和技术则是以消费者的需求为核心，通过企业组织和团队合作以合理优化使用企业全部资源，达到技术、组织、体制和人的集成，使企业更具有市场竞争力。

现代制造技术的发展和现代制造系统工程的形成，对整个制造业的发展产生了深远影响，并使其发生着巨大的变化。未来制造系统理应是一个综合了机械、电子、计算机、信息、材料、自动化等多学科的高技术密集型系统，具有柔性化、智能化、集成化和并行工作的特点，能按订单制造出生产成本与批量关联度低的产品，满足产品多样化和个性化的要求，且高质量保证产品在整个生命周期内使消费者感到满意。

第二节　特种加工

特种加工是指利用电能、化学能、光能、声能、热能及机械能等能量对工程材料进行加工的工艺方法。在特种加工过程中，刀具与工件基本不接触，不存在切削力和工件材料性能对加工的影响，因此又称为无切削力加工。

特种加工能解决普通机械加工无法解决或难以解决的问题，如各种难加工材料的加工和各种特殊、复杂表面的加工等，已成为机械制造科学中一个新的重要领域，在现代制造技术中占有越来越重要的地位，同时已在现代制造、科学研究和国防工业中获得了日益广泛的应用。

特种加工按能量形式和加工机理可分为电火花加工（EDM）、电火花线切割加工（WEDM）、电解加工（ECM）、激光加工（LBM）、超声波加工（USM）、电子束加工（EBM）、离子束加工（IM）和等离子加工（PAM）等。

一、电火花加工

电火花加工是利用工具电极和工件电极之间脉冲性的火花放电，产生瞬间高温将金属蚀除而将工件逐步加工成形的方法（图10-1）。加工时，工件电极浸泡在工作液（煤油及很少量机油）中，脉冲电源发出一连串脉冲电压，加到工具电极和工件电极上，间隙自动调节器使工具电极缓缓下降，并保持与工件电极的放电间隙，经过每秒成千上万次的放电，工具的轮廓和截面形状即复映到工件表面上。

电火花加工机床主要是由电源箱、间隙自动调节器、机床本体和工作液箱、液压油箱组成的（图10-2）。根据工具电极的形式、相对运动的方式等，电火花加工可分为电火花成形加工、电火花线切割、电火花磨削、电火花同步回转加工和电火花表面强化，下面介绍常用的电火花线切割机床。

1. 线切割加工物理原理

线切割加工基本物理原理是自由正离子和电子在电场中积累，很快形成一个被电离的导电通道。在这个阶段，两板间形成电流，导致粒子间发生无数次碰撞，形成一个等离子区，并很快升高为 8000~12000℃ 的高温，在两导体表面瞬间熔化一些材料。同时，由于电极和工作液的汽化，形成一个气泡，并且它的压力持续上升，一直到非常高，然后电流中断，温度突然降低，引起气泡内向爆炸，产生的动力把熔化的物质抛出弹坑，然后被腐蚀的材料在工作液中重新凝结成小的球体，并被工作液排走。最后通过控制伺服执行机构运动，使这种放电现象均匀一致，从而使加工物被加工成为符合尺寸大小及形状精度要求的产品。

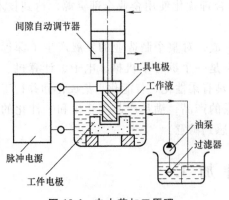

图 10-1 电火花加工原理

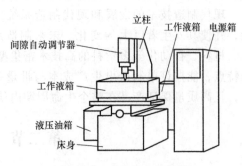

图 10-2 电火花加工机床

　　电火花线切割加工是用连续移动的导电金属丝（钨丝、铝丝、钢丝等）作为阴极，工件为阳极，两极通以直流高频脉冲电源，机床工作台带动工件在水平面两个坐标方向做进给运动，就可以切割出二维图形（图10-3）。电极丝是一次性使用。

2. 电火花线切割机床的分类

电火花线切割机床可按走丝速度、控制方式、脉冲电源类型和加工特点等分类。

1）按走丝速度分，有快走丝和慢走丝两种。快走丝机床又叫高速走丝机床，其电极丝做高速往复运动，一般速度为 6~11m/s，慢走丝线切割机床的电极丝做低速单向运动，一般走丝速度低于 2.5m/s。

2）按控制方式分，可以分为仿形控制、光电跟踪控制、数字程序控制等，现代线切割机以数控机床为主。

3）按脉冲电源类型分，有 RC 电源、晶体管电源、分组脉冲电源以及自适应控制电源等，RC 电源已经被淘汰了。

4）按加工特点分，有大、中、小型以及普通切割型和锥度切割型，还有切割上下异形的线切割机床等。

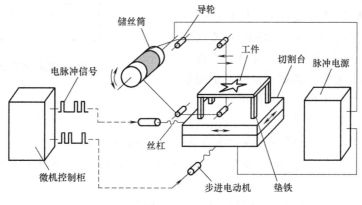

图 10-3　电火花线切割原理

3. 线切割加工特点

1）工件必须是导电材料。

2）材料的去除是靠放电时的热能作用来实现的。

3）工具电极和工件之间不直接接触，几乎没有切削力，所以加工的材料可以是高硬度的材料（一般加工工件都可在淬火后进行）。

4）加工对象主要是平面形状，当机床上加上能使电极丝做相应倾斜运动的功能后也可以加工锥面，但是不能加工盲孔。

5）自动化程度高，操作方便，易于实现自动化。

6）不需要制造成形电极，用简单的电极丝即可对工件进行加工。

4. 线切割加工应用

（1）加工模具　适用于各种形状的冲模。调整不同的间隙补偿量，只需一次编程就可以切割凸模、凸模固定板、凹模及卸料板等。模具配合间隙、加工精度通常都能达到要求。此外，还可加工挤压模、粉末冶金模等带锥度的模具。

（2）电火花成形机加工电极　一般穿孔加工用的电极及带锥度型腔加工用的电极，以及铜钨、银钨合金之类的电极，用线切割加工特别经济，同时也适用于加工微细复杂形状的电极。

（3）加工高硬度材料　由于线切割主要利用热能进行加工，在切割过程中工件与工具没有相互接触，没有相互作用力，所以可以加工一些高硬度材料，只要被加工的金属材料熔点在 5000℃ 以下即可。

（4）加工贵重金属　线切割是通过线状电极的"切割"完成加工的，而常用的线状电极的直径很小（通常在 0.13~0.18mm），所以切割的缝隙也很小，这便于节约材料，因此可以用来加工一些贵重金属材料。

二、电解加工

电解加工是利用金属工件在电解液中所产生的阳极溶解作用而进行加工的方法（图10-4）。加工时，工件作为阳极接电源正极，成形的工具作为阴极接电源负极。工具向工件缓慢进给，两极应保持较小的间隙（0.1~1mm），具有一定压力（0.5~2MPa）的电解液（NaCl 或 NaNO$_3$）从间隙中流过，工件就逐渐被溶解腐蚀，电解产物被高速流动的电解液带走，最终在工件上留下工具的形状。

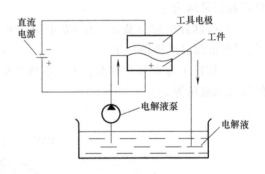

图 10-4　电解加工原理

电解加工的工艺特点是：

1）可加工高硬度、高强度和高韧性的难切削金属材料。

2）表面加工质量好。表面粗糙度 Ra 值为 0.2~0.8μm，比电火花加工好，但尺寸精度不如电火花加工。

3）腐蚀作用强，机床维护费用高，对环境有污染。

电解加工主要用于各种型孔、深孔、套料、膛线、型腔模具和复杂型面的加工以及电解抛光、去毛刺、切割和刻印等。

电解加工比电火花加工的生产率高，但加工精度较低，机床费用高，故适用于成批和大量生产（多用于粗加工和半精加工），而电火花加工则适用于单件或小批量生产。

三、激光加工

激光加工是利用大功率的激光束照射工件的被加工部位，使其材料瞬间熔化或蒸发，并在冲击波的作用下，将熔融物质喷射出去，从而对工件进行穿孔、蚀刻、切割及焊接的方法（图 10-5）。激光是由处于激发状态的原子、离子或分子受激辐射即发出的得到加强的光，是一种能量密度高、方向性强、单色性好的相干光。加工时，利用透镜将激光聚焦后在焦点处达到很高的能量密度，可产生上万摄氏度的高温，使金属或非金属材料立即汽化蒸发，并产生很强烈的冲击波，使熔化物呈爆炸式喷射去除。

1. 激光加工的特点

由于激光具有单色性好、方向性好、相干性好和高亮度的特征，因此给激光加工带来其他加工方法所不具备的特点。

1）加工无须接触，因此可以实现多种加工的目的。加工速度快、无噪声、无机械变形。

2）加工过程中无刀具磨损，无切削力作用于工件。

3）可以对多种金属、非金属进行加工，特别是可以加工高硬度、高脆性及高熔点的材料。

4）在激光加工过程中，激光束能量密度高，加工速度快，并且是局部加工，对非激光照射部位没有影响或影响极小，因此其热影响区小，工件变形小，后续加工量小。

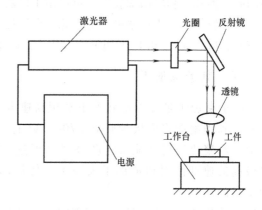

图 10-5 激光加工原理

5）由于激光束易于导向、聚集和发散，可以任意改变光束的方向，所以极易与数控机床、机器人进行连接而构成各种加工系统，对复杂工件进行加工。

6）可以通过透明的介质对密闭容器内的工件进行各种加工。

7）激光加工不但生产效率高、加工质量稳定可靠，而且无公害、绿色环保。

2. 激光加工的应用

激光加工技术是激光应用技术中发展最快、用途最广，也最具发展潜力的领域，目前已开发的具有代表性的激光加工技术有 20 余种，它们主要应用于工业材料的加工和微电子等行业的特种材料与器件的加工。其中比较成熟的激光加工技术主要有激光切割、激光雕刻、激光打孔、激光打标、激光焊接、激光淬火、激光快速成形制造等。

四、超声波加工

超声波加工是利用工具做超声振动，带动工件和工具间的磨料悬浮液，冲击和抛磨工件的被加工部位，使其周围材料破碎成粉末来进行穿孔、切割和研磨等的加工方法（图 10-6）。加工时，工件、磨料、工具紧密相靠，由于工具的超声振动使磨料悬浮液以很大的速度、加速度和超声频打击工件，使工件局部材料变形，受击处产生破碎、裂纹，成微粒而脱离工件，这是磨料撞击和抛磨的作用。同时磨料悬浮液在超声波振动作用下产生液压冲击和空化现象，促使液体渗入被加工材料的裂纹处，加强了机械破坏作用，液压冲击也使工件表面损坏而蚀除，逐步使工件形成与工具端面形状相似的型腔而达到加工目的。

超声波加工不但能加工硬质合金、淬火钢等脆硬材料，而且更适合于加工玻璃、陶瓷、半导体锗和硅及不导电的非金属脆硬材料。超声波加工可加工脆硬材料上

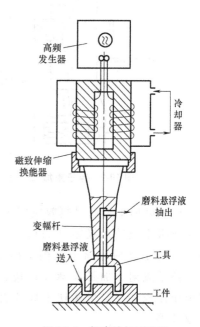

图 10-6 超声波加工原理

的圆孔、型孔、套料微细孔等，也可用于切割、雕刻、研磨、清洗和焊接加工。

超声波加工的生产率虽比电火花、电解加工低，但加工精度较高，加工后的表面粗糙度值较小，Ra 值可达 $0.1 \sim 1.0 \mu m$，常作为提高质量的进一步加工。

五、电子束加工

电子束加工是在真空状态下利用高速电子的冲击动能来加工工件的（图 10-7）。加工时，利用电能将阴极加热到 2700℃ 以上，发射电子并形成电子云，向阳极方向加速运动，经聚焦后得到能量密度极高（可达 $109W/cm^2$）、直径仅为几微米的电子束。它以极高的速度作用到被加工表面上，使局部材料瞬时熔融、汽化蒸发而被蚀除，达到加工目的。

电子束加工是通过热效应实现的，可用于各种脆硬、韧性、导体、非导体、热敏性、易氧化材料，金属或非金属的加工，加工速度快、生产率高，加工中工件产生的应力和变形很小、不易氧化，加工过程易实现自动化。

电子束加工常用于精微深孔和缝的加工，也可用于焊接、切割、热处理、蚀刻等。

六、离子束加工

离子束加工是在真空状态下将离子源产生的离子束经加速、聚焦后，撞击到工件表面上，引起材料变形、破坏和分离而实现加工的方法（图 10-8）。离子束比电子束具有更大的能量。

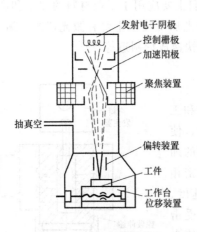

图 10-7 电子束加工原理

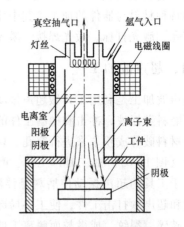

图 10-8 离子束加工原理

离子束加工是通过热效应实现加工的，其主要用于精密、微细以及光整加工，特别是对亚微米至纳米级精度的加工。通过对离子束流密度和能量的精确控制，可以对工件进行离子溅射、离子铣削、离子蚀刻、离子抛光和离子注入等纳米级加工。例如：利用离子溅射，加工非球面透镜；利用离子掺光，可加工出没有缺陷的光整表面；利用离子注入加工，可实现半导体材料掺杂、高速工具钢或硬质合金刀具材料切削刃表面改性等。

离子束加工被认为是未来最有前途的超精密加工和微细加工方法。

七、复合加工

复合加工是将机械加工和特种加工叠加或两种及两种以上的特种加工合理地组合在一起的加工方法。它能成倍地提高加工效率和进一步改善加工质量，是特种加工发展的重要方向。现将典型复合加工中的电解磨削介绍如下。

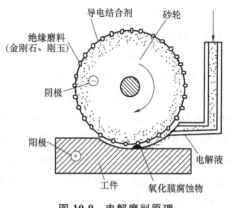

图 10-9　电解磨削原理

电解磨削是利用电解作用与机械磨削相结合的一种复合加工方法（图 10-9）。加工时，砂轮接阴极，工件接阳极，且两者之间保持一定的接触应力，加工区域送入电解液，在电解和机械磨削的双重作用下，工件很快达到加工要求。在电解磨削中，电解作用是主要的，金属主要靠电化学腐蚀下来，砂轮起着磨去电解产物（阳极钝化物）和平整工件表面的作用。

电解磨削在加工时几乎不产生磨削力和磨削热，工件不会出现裂纹、烧伤和变形等缺陷，可以高效、高质地磨削各类硬质合金、高速工具钢等切削刀具以及各种强度高、韧性与脆性大、热敏感材料所制成的工件，但设备费用较高。

第三节　柔性制造系统与计算机集成制造系统

机械制造过程是一种离散的生产过程，实现自动化较困难。机械制造自动化的发展经历了单机自动化、自动线、数控机床、加工中心、柔性制造系统、计算机集成制造系统和并行工程等几个阶段，并进一步向柔性化、集成化和智能化发展。目前，柔性制造系统和计算机集成制造系统在机械制造中的应用日益广泛。

一、柔性制造系统

柔性制造系统（Flexible Manufacturing System，FMS）是由统一的计算机控制系统（信息流）、物料（工件、刀具）和输送系统（物料流）连接起来的一组加工设备，能在不停机的情况下实现多品种、小批量零件的加工，并具有一定管理功能的自动化制造系统。

1. FMS 的一般组成

FMS 主要是由多工位的数控加工系统、自动化物料输送、存储系统和计算机控制的信息系统组成的（图 10-10）。图中空心箭头表示信息流，实线箭头表示物料流，双点画线框内表示 FMS 范围。FMS 的系统扩展必须以模块结构为基础。

数控加工系统是由可自动换刀的数控机床、加工中心或车削中心组成的。待加工工件的类别及技术要求将决定 FMS 所采用的设备形式。

物料输送和存储系统是由存储、输送和装卸三个子系统组成的，用以实现工件及工夹具的自动供给和装卸以及完成工序间的自动传送、调运和存储工作。该系统包括各种传送带、自动导引小车、工业机器人及专用吊运送机等。

计算机控制的信息系统用于处理 FMS 的各种信息，输出控制数控机床、物料搬运系统等自动操作所需的信息，是通过主控计算机或分布式计算机系统来实现主要控制功能的。根据 FMS 的规模大小，信息系统的复杂程度将有所不同。

2. FMS 的分类

按 FMS 的规模大小可分为以下四类：

（1）柔性制造单元（Flexible Manufacturing Cell，FMC） FMC 在生产中比 FMS 晚 6~8 年出现，是 FMS 向廉价化和小型化发展的一种产物，是实现单机柔性化及自动化的代表，可看成是一个规模小的 FMS，它通常由 1~2 台加工中心、工业机器人、数控机床和物料运送存储设备

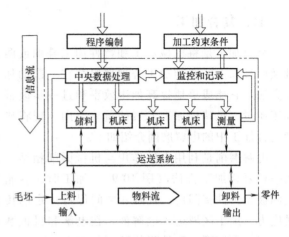

图 10-10　柔性制造系统组成原理

构成，具有适应加工多品种产品的特性，目前已进入普及应用阶段。

（2）柔性制造系统（Flexible Manufacturing System，FMS） FMS 通常有 4 台或更多台全自动数控机床（加工中心或车削中心等），由集中的控制系统及物料搬运系统连接起来，可在不停机的情况下实现多品种、中小批量零件的加工及管理。

（3）柔性制造线（Flexible Manufacturing Line，FML） FML 是处于单一或少品种大批量非柔性自动线与中小批量多品种 FMS 之间的生产线，是以离散型生产中的柔性制造系统和连接性生产过程中的分散型控制系统（DCS）为代表，实现生产线柔性化及自动化的。它通常由加工中心、数控机床或专用机床、NC 专用机床和柔性低于 FMS 的物料搬运系统构成，但生产率更高。其技术已基本成熟，目前进入实用化阶段。

（4）柔性制造工厂（Flexible Manufacturing Factory，FMF） FMF 是将多条 FMS 连接起来，配以自动化立体仓库，用计算机系统进行联系，采用从订货、设计、加工、装配、检验、运送至发货的完整 FMS。它也包括了 CAD/CAM 并使计算机集成制造系统（CIMS）投入实际使用，实现生产系统并行化及自动化，进而实现全厂范围的生产管理、产品加工及物料储运过程的自动化。

3. FMS 应具有的功能

FMS 是在成组技术（GT）、计算机技术、数控技术、CAD 技术、机电一体化技术（Mechatronics）、模糊控制技术、智能传感器技术、人工神经网络技术（ANN）和虚拟现实（VR）及计算机仿真技术等基础上发展起来的，它具有以下主要功能：

（1）自动完成多品种、多工序工件的加工功能 这是依靠计算机控制的数控机床群来实现的，其中包括自动换刀、自动安装工件、切削液的自动供应和切屑的自动处理等。

（2）自动输送和储料功能 这是由各种自动输送设备如环形输送托板、传输装置、无轨小车、工业机器人等，以及自动化储料仓库如毛坯仓库、中间仓库、零件仓库、夹具仓库、刀具仓库等来实现的。

（3）自动诊断功能 这是由系统工况监视功能、指令和恢复功能组成的。监视功能（监控功能）是通过各类传感器来测量、控制加工精度，监视刀具的磨损或破损，以保证加工的顺利进行。指令和恢复功能是计算机发出工作指令来补偿加工精度、更换磨损或破损刀

具的功能。

（4）信息处理功能　这是对所需信息进行综合、控制，主要有：

1）编制生产计划及生产管理程序，实现可变加工而又均衡生产。

2）编制数控机床、输送装置、储料装置及其他设备的工作程序，实现自动加工。

3）生产、工程信息的论证及其数据库的建立。

柔性制造系统实现了集中控制和实时在线控制，缩短了生产周期，解决了多品种、中小批量零件的生产率和系统柔性间的矛盾，具有较低的生产成本，是发展应用最广的现代制造系统。

二、计算机集成制造系统

计算机集成制造系统（Computer Integrated Manufacturing System，CIMS）是指在自动化技术、信息技术及制造技术的基础上，通过计算机及其软件系统，将制造企业内部与整个生产活动有关的所有物料流和信息流实现计算机高度统一的综合化管理，从而把各种分散的自动化系统有机地集成起来，构成一个高效益、高柔性的智能制造系统。

CIMS是通过计算机网络把企业生产活动的全过程，即从市场预测、经营决策、计划控制、工程设计、生产制造、质量控制到产品销售等部门联结为一个整体，保证了企业内部信息的一致性、共享性、可靠性、精确性和及时性，使生产由局部自动化走向全局自动化。

CIMS在工程应用的实现过程中，通常划分为四个功能分系统和两个支撑分系统（图10-11）。

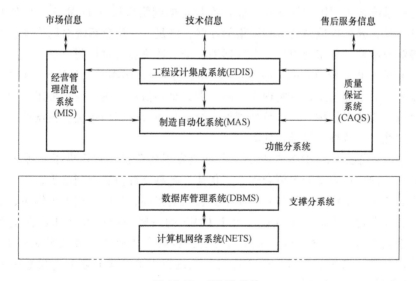

图 10-11　CIMS 结构

1. 功能分系统

（1）经营管理信息系统（Management Information System，MIS）　MIS的主要功能是进行信息处理，提供决策信息。其具体工作是进行信息的收集、传输、加工和查询等，处理信息包括经营计划管理、物料管理、生产管理、财务管理、人力资源管理、质量管理及辅助事务管理等，并根据决策支持模块产生决策信息。其目标是缩短产品生产周期，降低流动资金占用，提高企业应变能力。在经营管理中主要应用制造资源计划（MRPⅡ）、准时生产（Just

In Time，JIT）等技术。

（2）工程设计集成系统（Engineering Design Integrated System，EDIS） EDIS 的主要功能是进行工程设计、分析和制造，使产品开发活动能够高效、优质、自动地进行。该系统包括 CAD、CAE、CAPP、CAM 等部分，是 CAD/CAPP/CAM 的局部集成。其具体工作是接到管理信息系统下达的产品设计指令后，进行产品设计、工艺过程设计和产品数控加工编程，并将设计文档、工艺规程、设备信息、工时定额送给 MIS，将数控加工等工艺指令送给 MAS。

（3）制造自动化系统（Manufacturing Automation System，MAS） MAS 是在计算机的控制与调度下，按照数控代码将毛坯加工成合格的零件并装配成部件或产品。其主要组成部分有数控机床或加工中心、FMC 和 FMS 等，包括立体仓库、缓冲站、运输车、刀具预调仪、装刀台、刀具库、清洗机、数控机床、加工中心、三坐标测量仪、夹具组装台、工业机器人及计算机控制管理系统等。其目标是使产品制造活动优化、周期短、成本低、柔性高。

（4）质量保证系统（Computer Aided Quality System，CAQS） CAQS 的主要功能是制订质量计划，进行质量信息管理和计算机辅助在线质量控制等，其中包括产品质量决策、质量检测与数据采集、质量评价、控制与跟踪、量具质量管理、生产过程质量管理等。其目标是保证从产品设计、制造、检验到售后服务整个过程的质量，提高企业竞争能力。

2. 支撑分系统

（1）计算机网络系统（NETwork System，NETS） NETS 是支持 CIMS 各个分系统的开放型网络通信系统，采用国际标准和工业标准规定的网络协议（如 MAP、TCP/IP 等），可实现异种机互联，异构局域网及多种网络的互联，满足各应用分系统对网络支持服务的不同需求，支持资源共享、分布处理、分布数据库、分层递阶和实时控制。

（2）数据库管理系统（Data Base Management System，DBMS） DBMS 支持 CIMS 各个分系统，覆盖企业的全部信息，以实现企业的数据共享和信息集成。通常采用集中与分布相结合的三层递阶控制体系结构——主数据管理系统、分布数据管理系统、数据控制系统，以保证数据的安全性、一致性、易维护性等。

20 世纪 90 年代以来，CIMS 进入了一个迅速发展的阶段。它提供了一种未来工厂的生产模式，使企业的生产要素配置更合理、更优化，各种资源浪费减到最少，生产潜力得以更好发挥，产品质量、生产率、设备利用率得到极大的提高，生产周期大大缩短，生产成本大幅降低，使企业获得更大的经济效益。由于 CIMS 的一些关键技术（如数据模型、系统技术、现代管理技术等）还没有得到很好的解决，目前主要应用于离散型制造业，如汽车、飞机、电子设备和机床等的制造。但随着这些关键技术的解决和新制造思想的实现，将使 CIMS 应用提高到一个新的水平。

第四节　3D 打印技术

随着科学技术的飞速发展和社会需求的多样化，全球统一市场和经济全球化的逐步形成，产品的竞争将更加激烈，产品新的周期将越来越短。因此要求设计者能根据市场的需求，在尽可能短的时间内制造出产品的样品，进行必要的性能测试，征求用户的意见，并进行必要的修改，最后形成能投放市场的定型产品。于是产品快速开发的技术和手段便成为制造企业的核心竞争力。

　　快速成形技术就是在这一背景下应运而生的一种现代制造技术。快速成形技术（Rapid Prototyping，RP）又称 3D 打印技术，它是由 CAD 模型直接驱动的快速制造任意复杂形状三维物理实体的技术总称。其主要采用了分层制造的思想，这一思想的形成与计算机技术、数控技术、激光技术、材料和机械科学的发展密不可分，具有鲜明的时代特征。

一、3D 打印的基本原理

　　3D 打印的基本原理是离散/堆积，即将 CAD 三维模型切片分层，然后逐层打印堆积。如图 10-12 所示，其基本过程是：首先设计出所需零件的计算机三维模型（数字模型、CAD 模型）；然后根据工艺要求，按照一定的规律将该模型离散为一系列有序单元，通常在高度方向将其按一定厚度进行离散（习惯称之为分层），把原来的 CAD 模型变成一系列的层片；再根据每个层片的轮廓信息，输入加工参数，自动生成数控代码；最后由 3D 打印机生成一系列层片并自动将它们连接起来，得到一个三维物理实体。

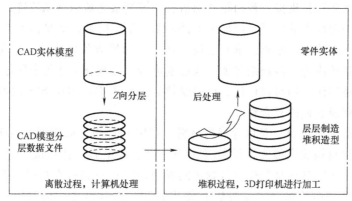

图 10-12　3D 打印原理

二、3D 打印的优势

　　（1）高复杂度、多样化物品的生产不会增加成本　　对于传统制造而言，物体形状越复杂，制造成本越高。但对于 3D 打印而言，制造形状复杂的物品，其成本并不会相应增加，3D 打印设备制造一个形状复杂的物品与打印一个简单的方块的成本是相同的。

　　（2）缩短交付时间，减少工业链，节约运输成本　　传统的大规模生产建立在产业链和流水线基础上，在现代化工厂中，机器生产出相同的零部件，然后由机器人或工人进行组装。产品的组成部件越多，供应链和产品线都将拉得越长，组装和运输所需要耗费的时间和成本就越多。而 3D 打印由于其生产特点，可以做到打印一扇门的同时打印上面配套的铰链，从而实现一体化成形，无须再次组装。

　　（3）制作技能门槛低、设计空间无限　　传统制造业中，培养技术娴熟的工人需要很长时间，而 3D 打印机的出现可以降低技术门槛，操作者通过计算机与三维设计软件，只要能画出三维图，就能实现加工制造。

　　（4）不占用空间，便于携带　　3D 打印机体积小，可以自由移动，并能制造出比自身还要庞大的物品。

（5）节约原材料，实现材料的"100%"利用 传统金属加工一般是做减法的过程，加工一些精细零件时甚至会造成80%的浪费，而3D打印是做加法的过程，材料几乎没有浪费。

（6）精确的实体复制 通过3D扫描技术和打印技术的运用，可以十分精确地对实体进行数据采集，生产三维模型，进而实现制造加工。

3D打印技术是机械工程、数控技术、CAD与CAM技术、激光技术以及新型材料技术的集成。它可以自动迅速地把设计思想物化为具有一定结构和功能的原型或直接制造零件，可以对产品设计进行快速评价、修改，以响应市场需求，提高企业的竞争能力。目前，3D打印技术主要有选择性激光烧结法（Selective Laser Sintering，SLS）、分层实体制造法（Laminated Object Manufacturing，LOM）和熔化堆积造型法（Fused Deposit Manufacturing，FDM）。

选择性激光烧结法（SLS）是将金属粉末通过计算机控制的激光束进行加热使其熔化成形的（图10-13）。成形时，供粉活塞上移一定距离，铺粉滚筒将一层粉末材料均匀地铺在成型活塞上部，然后计算机按照截面轮廓的信息，控制激光器的移动轨迹，烧结制件实心部分所在的粉末成一定厚度的片层，以形成零件的第一层。随后，成型活塞下移一个截面片层的距离，供粉活塞上移一定距离，重复上述工作，直到形成各层轮廓，完成三维制件实型，最后将其放到加热炉内进一步烧结并加入渗透剂进行后处理就可获得金属零件。

选择性激光烧结法所用材料广泛，任何受热后的粉末都可用作SLS的原材料，如金属、塑料、蜡粉、陶瓷及它们的复合粉。

分层实体制造法（LOM）是以片层为材料，利用CO_2激光束切割出相应的横截面轮廓，得到连续的片层材料构成三维实体模型（图10-14）。成型时，计算机产生模型横截面的数据资料，其厚度等于准备用来制作三维物体的材料厚度；投影机在片层材料上涂印黏结剂，CO_2激光束根据该数据轮廓（二维投影）切出轮廓，然后由热压机对切片材料加以高压，使黏结剂融化并使片层之间黏结成形。当本层完成后再铺上一层材料，反复循环直到加工完成。在加工过程中，非零件部分全部切成小块以便去除。

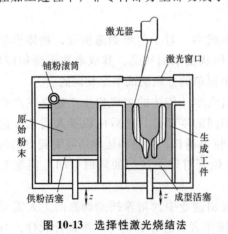

图10-13 选择性激光烧结法

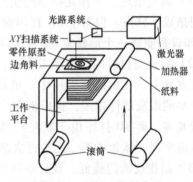

图10-14 分层实体制造法

分层实体制造法比其他3D打印技术造型快5~10倍，因为激光只需扫描每个切片的轮廓而不是整个切片的面积，且材料广泛、成本低。

　　熔化堆积造型法（FDM）是以塑胶或石蜡等低熔点材料作为造型材料，将原料做成细丝形状，计算机将用CAD设计的产品三维模型分成一层层极薄的截面，并生成控制喷嘴移动轨迹的几何坐标信息。成型时，计算机控制喷嘴做XY联动，加热喷头将热塑性材料加热到临界液态，通过喷嘴挤出到一块固定的底版上或先前固化的物料上逐层造出横截面。挤出时原料的温度只是稍稍高于其熔点，当熔化的物料刚刚接触到温度较低的低层物料时发生固化，逐层形成原型的三维实体造型（图10-15）。

　　熔化堆积造型法污染小，材料可以回收。

　　3D打印技术是一种新型的制造技术，它以材料的逐步累加取代了对材料切除或变形的传统制造技术。随着该项

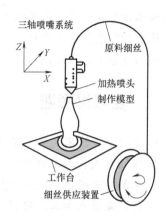

图10-15　熔化堆积造型法

技术日趋完善，势必对今后工业产品的设计和制造带来重大影响，并取得巨大的社会经济效益。

第五节　表面工程技术

　　表面工程技术是指表面功能性覆层技术，通过附着（电镀、涂层、氧化膜）、注入（多元共渗、渗氮、离子溅射）、热处理（激光表面处理）等手段，赋予工件表面耐磨、耐蚀、耐疲劳、耐热、耐辐射以及光、磁、电等特殊功能，这是近年来发展的新技术，对制造技术的发展有着重要的意义。

　　表面工程技术的类别很多，除了表面热处理和表面化学热处理外，主要还有表面形变强化（如喷丸、滚压、挤压等）、表面覆层强化（如电镀、喷涂、化学转化膜、表面激光熔覆等）、表面电火花强化、表面激光强化、表面氧化处理及表面激光合金化等。

　　喷涂是将涂（镀）覆材料（粉末、熔丝）雾化成微粒状，喷射在零件表面上形成涂（镀）层的一种表面处理工艺方法。在热喷涂中常用的热源为氧乙炔焰、电弧、等离子弧、电子束、激光束等，涂层材料可以是金属及其合金、塑料、陶瓷和复合材料等。例如，航天火箭喷嘴用等离子喷涂法在其出口管壁上喷涂一层2mm厚的金属钨涂层。

　　气相沉积是通过气相（气态）中发生的物理、化学过程，在零件表面上形成一层功能性或装饰性涂层的新技术。涂层厚度通常为$2\sim10\mu m$。按反应过程的性质不同，分为物理气相沉积（PVD）和化学气相沉积（CVD）两类。其中物理气相沉积应用更为广泛，目前有真空蒸发涂膜、离子涂膜和溅射涂膜三类。例如，在刀具上涂覆$25\mu m$的TiN，可提高其使用寿命$3\sim10$倍。

　　化学转化膜是指采用化学处理液使金属表面与静液界面上产生化学或电化学反应，生成稳定的化合物薄膜的表面处理过程，主要用于金属表面的防护，增强金属表面的耐磨性或降低金属表面的摩擦力，用于金属表面的装饰层及绝缘层以及作为涂装底层。化学转化膜在生产中主要有磷化膜、氧化膜、钝化膜和着色膜等。

　　表面激光合金化是在工件基体的表面采用沉积法预先涂一层合金元素，然后用激光束照射在涂层的表面。当激光转化为热量后，合金元素和基体薄层熔化，使其混合而形成合金。

它与整体合金化相比，能节约大量贵金属。例如，将铬、钴和镍熔入钢表面。

研究和发展表面工程技术对提高产品的使用寿命和可靠性，改善产品的性能、质量，增强产品的竞争力，推动高科技和新技术的发展，节约材料和能源等都具有重要的意义。

 复习思考题

1. 现代制造技术的特点是什么？
2. 简述电火花加工的原理、特点及应用范围。
3. 电解加工的原理是什么？应用范围有哪些？
4. 什么是激光加工，它有何特点？
5. 超声波加工、电子束加工和离子束加工的原理是什么？
6. 电解磨削的实质是什么？
7. FMS 的定义是什么？其应具备哪些功能？
8. CIMS 由哪几个主要分系统组成？它们的主要功能及其相互间的关系是什么？
9. 3D 打印技术的原理是什么？
10. 什么是表面工程技术？

参 考 文 献

[1] 霍仕武. 金工实习教程 [M]. 2 版. 武汉：华中科技大学出版社，2019.

[2] 吴金文，徐留明，于磊磊. 金工实习 [M]. 西安：西安电子科技大学出版社，2022.

[3] 任德宝，杨天荣，王元生. 金工实习 [M]. 成都：电子科技大学出版社，2020.

[4] 于文强. 金工实习教程 [M]. 北京：北京理工大学出版社，2021.

[5] 朱征. 金工实习 [M]. 北京：机械工业出版社，2023.

[6] 黄强. 金工实习 [M]. 北京：机械工业出版社，2023.

[7] 司忠志，徐珂. 金工实习教程 [M]. 3 版. 北京：北京理工大学出版社，2019.

[8] 董光明. 金工实习 [M]. 徐州：中国矿业大学出版社，2012.

[9] 王万强. 金工实习 [M]. 2 版. 西安：西安电子科技大学出版社，2022.

[10] 胡慧，彭文静. 金工实习指导 [M]. 北京：清华大学出版社，2022.

[11] 张康熙，郝红武. 金工实习教程 [M]. 2 版. 西安：西北工业大学出版社，2016.

[12] 姚佳，李荣雪. 金属材料焊接工艺 [M]. 3 版. 北京：机械工业出版社，2021.

[13] 卢小平. 现代制造技术 [M]. 3 版. 北京：清华大学出版社，2023.

[14] 隋秀凛，夏晓峰. 现代制造技术 [M]. 4 版. 北京：高等教育出版社，2021.